Udo Haeske

Team- und Konflikt-management

Teams erfolgreich leiten
Konflikte konstruktiv lösen

POCKET BUSINESS

Cornelsen

Verlagsredaktion: Erich Schmidt-Dransfeld
Technische Umsetzung: Holger Stoldt, Düsseldorf
Umschlaggestaltung: Ellen Meister, Berlin
Titelfoto: © Martin Barraud / Getty Images

Informationen über Cornelsen Fachbücher und Zusatzangebote:
www.cornelsen-berufskompetenz.de

3. Auflage

Druck: Druckhaus Berlin-Mitte

ISBN 978-3-589-23409-7

Inhalt gedruckt auf säurefreiem Papier
aus nachhaltiger Forstwirtschaft.

Inhalt

Einführung

Die Bedeutung von Team- und Konfliktmanagement wird wahrscheinlich zunehmen. Das Argument ist: Die Menschen, die in Gruppen zu Teams geformt werden sollen, sind immer heterogener. Man kann immer seltener auf gemeinsamen Grundlagen wie Werten, Zielen, Kommunikationsformen aufbauen. Die kulturelle Vielfalt ist ein weiterer Aspekt. Erschwerend kommt hinzu, dass das Interesse, an einem Wir-Gefühl am Arbeitsplatz teilzuhaben und daran mitzuarbeiten, nicht vorausgesetzt werden kann. Die resultierenden Probleme betreffen jeden Teamleiter, da er die Leistungen seines Teams rechtfertigen muss. Ihm stellt sich die Frage, wie er aus einer losen Vielfalt „Anwesender" ein Team formt. In diesem Pocket-Band wird die Diskussion praxisnah geführt, deshalb schlage ich vor, ein Team als eine Gruppe zu definieren, in der die Mitglieder ihre Leistungen weitestgehend optimal einbringen können, teilweise und streckenweise über sich hinauswachsen und ein hohes Bedürfnis haben, dazuzugehören.
Das Buch verfolgt die Idee, dass es für einen Teamleiter hilfreich ist, wenn er das komplexe kollektive Etwas, das sich Team nennt, aus verschiedenen Blickwinkeln betrachten kann. Zahlreiche Bücher der Teamentwicklung nehmen gezielt eine Perspektive ein, für die gute Gründe angeführt werden. Mir scheint, für jeden Ansatz sprechen bestimmte Argumente, weshalb es dogmatisch wäre, sich hier nur auf einen zu kaprizieren und die Chance auszuschließen, ein tieferes und differenzierteres Verständnis sozialer Gruppenprozesse zu erlangen. Reflektieren Sie die Anregungen im Vergleich zu eigenen Erfahrungen.
Gelingt es, Ihre Neugier auf Teamprozesse zu wecken und auf bisher Übersehenes aufmerksam zu machen, hat das Buch seinen Zweck erfüllt und es wird Ihnen sicher Anregungen bieten. Viel Erfolg!

Literaturverzeichnis

Berkel, K.: Konflikttraining.

Cohn, R.: Von der Psychoanalyse zur themenzentrierten Interaktion.

Cole, C.: Kommunikation klipp und klar.

Fengler, J. : Feedback geben.

Fisher, U./Patton, A.: Das Harvard-Konzept.

Francis, D. /Young, D.: Mehr Erfolg im Team.

Glasl, F. (2002) 8. A: Konfliktmanagement.

Heeper, A. / Schmidt, M.: Verhandlungstechniken

Kießling-Sonntag, J.: Mitarbeitergespräche.

Klein, H.-M.: Konflikte am Arbeitsplatz.

Krawiec, I.: Umgang mit Vorgesetzten

Langmaack, B. / Braune-Krickau, M.: Wie die Gruppe laufen lernt.

Oppermann-Weber, U.: Handbuch Führungspraxis.

Ruede-Wissmann, W.: Satanische Verhandlungskunst und wie man sich dagegen wehrt.

Sbandi, P.: Gruppenpsychologie.

Stroebe, Jonas: Sozialpsychologie.

1 Teams durchleuchten

Optimierung beginnt mit der Bestandsaufnahme von Strukturen und Rollen

1.1 Erste Informationen über das Team und den Kontext sichten

Qualifikationsprofile kennen lernen

In der ersten Annäherung wird das Team aus der Sicht der objektiven Fakten untersucht, mit denen es beschrieben werden kann. Es braucht nur den Blick auf die leicht zugänglichen Fakten, wie das Alter der Personen, die Fachqualifikationen, die beruflichen Erfahrungen. Dieser Zugang liefert wichtige Informationen:

- Besitzen die Teammitglieder untereinander vergleichbare Qualifikationen?
- Ergänzen sie sich bezüglich ihrer Qualifikationen?
- Gibt es Unterschiede bezüglich der aufgabenrelevanten Erfahrung?
- Wo haben die Teammitglieder bereits gearbeitet?
- Woran arbeiten die Teammitglieder derzeit, welche Projekterfahrungen haben sie?
- Wie hat das Team an den anstehenden Aufgaben bisher gearbeitet?

Diese Informationen sind in der Regel sehr leicht zugänglich und sehr wertvoll. Sie geben dem Teamleiter ein objektives Bild seiner Mitarbeiter und erlauben ihm, sich in die Geschichte der Menschen und des Gesamtteams einzuklinken und eine erste Einschätzung der Teampotenziale auf der Basis dieser objektiven Daten vorzunehmen. Es geht also um weit mehr als darum, nur zu wissen, wie die Qualifikationen verteilt sind. Es geht um die Möglichkeit, die Integrationspotenziale des Teams kalkulieren zu können, Fördernotwendigkeiten abschätzen zu können und offensichtliches Interesse an den eigenen Mitarbeitern zu bekunden.

Formelles Beziehungsnetzwerk – das Organigramm

Das Organigramm ist eine wichtige Informationsquelle, um strukturelle Bedingungen zu identifizieren, die die Teamleitung erleichtern oder erschweren. Das Organigramm liefert die offiziellen Informationen über Hierarchieverhältnisse und die Zuständigkeiten. Die darin dokumentierten Hierarchieverhältnisse und Zuständigkeiten bilden das formelle Beziehungsnetzwerk ab. Als Teamleiter benötigt man das Wissen über die formellen Zuständigkeiten, um einschätzen zu können, wer offiziell in welchen Fragen etwas zu bestimmen hat und wer wem zugeordnet ist. Darüber hinaus liefert das Organigramm aber bereits erste Hinweise darüber, ob Konflikte allein aufgrund struktureller Bedingungen vorhersehbar sind.

So zeigt sich immer wieder, dass Unordnung, Mehrdeutigkeit und Intransparenz der Struktur klimatische Bedingungen sind, die die Teamleitung erschweren. Wenden wir den Blickwinkel und beschreiben, welche klimatischen Bedingungen förderlich sind:

- **Eindeutigkeit der Strukturen**
  In eindeutigen Strukturen sind Verantwortlichkeiten und Zuständigkeiten unmissverständlich vergeben. Doppelte Führungsspitzen oder geteilte Projektverantwortungen als Beispiele für Mehrdeutigkeit können zwar gelingen, sind aber erfahrungsgemäß immer wieder Anlass für Konflikte, da Mehrdeutigkeit Platz für Interpretationsspielräume und Interessenkalküle bietet, die unter geeigneten Bedingungen von den Akteuren zum eigenen Vorteil ausgenutzt werden. In kleineren und mittleren Unternehmen wird diese Klärungsarbeit oft für unnötig gehalten, weil es immer auch ohne die notwendigen Formalisierungen gelang, die Arbeit zu bewältigen. In großen Unternehmen erreicht der Formalisie-

rungsgrad hingegen hin und wieder ein solches Maß an Komplexität, dass man von 'überorganisiert' sprechen kann. Ordnung und Eindeutigkeit in Strukturen schaffen Klarheit über die Hierarchieverhältnisse und Verantwortungsbereiche.

- **Transparenz**

  Transparenz sagt, dass die offiziellen Verhältnisse der Organisation frei zugänglich sind, dass also jeder weiß, wer für welche Bereiche zuständig ist und wer welche Aufgaben zu erledigen hat, sowie was unter bestimmten Umständen zu erwarten ist (Vorhersagbarkeit). Die Regeln der Organisation sind also bekannt und berechenbar und nicht unvorhersehbar oder spekulativ.

  Man kann in vielen Organisationen feststellen, dass es am ein oder anderen Aspekt mangelt, und mag sich fragen, wieso das so ist. Man sollte als Teamleiter zumindest durchdenken, ob es Personen gibt, die von ungeordneten, mehrdeutigen oder intransparenten Strukturen profitieren, und worin der Vorteil im Einzelfall liegt.

Wenn man über den Einfluss verfügt, Strukturen zu optimieren, dann sollte man dies als Teamleiter mit einer hohen Priorität versehen, denn Ordnung, Eindeutigkeit und Transparenz schaffen verlässliche Strukturen. Man vermeidet damit nicht nur potenzielle Konflikte im Team, sondern etabliert auch einen Kontext, in dem unvermeidbaren Sozialkonflikten Nährboden entzogen wird.

Informelle Beziehungen

Mindestens ebenso wichtig wie die Kenntnis der objektiven Informationen aus Organigramm und Qualifikationsanalyse ist für einen Teamleiter die Kenntnis des informellen Netzwerkes, also der informellen Beziehungen, die seine Teammitglieder pflegen. Menschliche Sympathien und Antipathien sind im Organigramm nicht verzeichnet, spielen aber eine erhebliche Rolle, wenn es darum geht, wer mit wem Kontakt pflegt und wie die Menschen miteinander umgehen. Ein Teamleiter, der dieses Wissen berücksichtigt, kann die inoffiziellen Informationswege und Informationsquellen nutzen. Die offiziellen Regeln und formalen Strukturen der Organisation bestimmen, was man offiziell tun darf, die informellen Netzwerke und ungeschriebenen Regeln bestimmen hingegen, was man tun muss, um Ziele zu verwirklichen. Formelle Organisationsstruktur und informelle Beziehungsnetze stimmen nicht überein, gleichzeitig bleibt die informelle Struktur immer virtuell. Ein Teamleiter muss sie sich im Wissen um ihre enorme Bedeutung, ihre Veränderbarkeit und ihre Fähigkeit, sich jeder Fixierung zu entziehen, selbst erarbeiten.

Dazu können folgende Diagnosefragen gestellt werden:

- Wer hat mit wem beruflich viel/wenig zu tun? Das ist eine Frage nach der im Organigramm nicht abgebildeten Intensität von Zusammenarbeit. Wie ist die Qualität der Beziehungen?
- An wen richten sich die Teammitglieder, wenn Entscheidungen getroffen werden?
- Wer sind neben den offiziell einzubeziehenden Personen beliebte Ansprechpartner, Vaterfiguren, die um Rat gefragt werden, sozial-emotionale Mutterfiguren, Machtfiguren, deren Druck gefürchtet wird und die neben der Teamleitung eine Mitführung übernehmen?
- Wie sind die Redeanteile der einzelnen Personen? Personen, die viel sprechen, haben dann eine wichtige Funktion, wenn die Gruppe ihnen aufmerksam zuhört. Informelle Führer der Gruppe melden sich häufig nicht als Erste zu Wort.
- Wer unterhält sich mit wem? Über berufliche oder auch über private Themen? In diesen Interaktionen bilden sich die gruppeninternen Koalitionen ab.
- Wer geht mit wem gemeinsam zum Essen?

Die Liste der Fragen ist nicht erschöpfend. Die Fragen weisen vielmehr auf einige unterschiedliche Aspekte hin, die man in seinen Beobachtungen berücksichtigen kann, wenn man die informellen Netzwerke erkunden möchte.

Übung

Zeichnen Sie ein Netzwerk der Beziehungen Ihrer Teammitglieder zueinander.

1. Tragen Sie zunächst alle Personen innerhalb des Teams auf ein Blatt auf.
2. Kennzeichnen Sie durch verschiedene Linien, wer mit wem stärkere, schwächere, gar keine Kontakte hat.
3. Erweitern Sie das Bild gegebenenfalls um relevante Nicht- Teammitglieder, mit denen Personen aus dem Team zu tun haben. Beispielsweise in Projektteams, deren Mitglieder nur für die Projektdauer und/oder zeitanteilig im Projekt arbeiten, tragen die Projektmitglieder externen Einfluss ins Team hinein.
4. Versehen Sie die Linien mit Pfeilen, um zu dokumentieren, in welche Richtung die Kommunikation bevorzugt läuft.
5. Fügen Sie Symbole ein, um zu dokumentieren, wo Ihrer Meinung nach Nähe, Distanz, Freundschaft, Spannung ... vorliegt.
6. Analysieren Sie das entstandene informelle Netzwerk, indem Sie es mit dem offiziellen Netzwerk in Beziehung setzen.

Überprüfen Sie, welche Beziehungen Ihnen noch unklar sind, wo Sie noch Informationen benötigen.

Rangstellungen im Team

Eine vertiefende Form der Analyse der Sozialdynamik bedient sich eines Erfahrungswissens in der Sozialdynamik von Gruppen. Die Erfahrung besteht darin, dass in Gruppen immer vorbewusst Ränge ausgebildet werden, die auch bei einer Gruppe offiziell gleicher Mitglieder unmittelbar erfolgen. Diese Ränge beziehen sich auf verschiedene Aspekte:

Rang nach Lebensalter

Personen, die älter sind, werden in der Gruppe Sonderrechte eingeräumt und sie nehmen sie für sich auch in Anspruch.

Auch wenn dies vielleicht heutzutage von geringerer Bedeutung zu sein scheint, spielt dies in der Dynamik immer noch eine Rolle. Die Älteren stehen im Rang also weiter vorne als die Jüngeren. Deshalb kann man oft beobachten, dass Veränderungen in Gruppen nur dann umgesetzt werden, wenn die Älteren sie initiieren, fördern und mittragen. Man kann auch beobachten, dass besonders junge Führungskräfte mit älteren Mitarbeitern Schwierigkeiten besonders dann bekommen, wenn sie glauben, diese genauso behandeln zu müssen wie alle anderen. Dies mag formal gerecht erscheinen, ist es aber nicht, weil es einem sozialen Gerechtigkeitsempfinden, das die Würdigung des Alters berücksichtigt, widerspricht. Ältere Mitarbeiter erwarten also besondere Rechte und ihnen fallen auch Pflichten in Bezug auf die Verantwortlichkeit gelebter Werte der Gruppe zu. In diesem Sinne sollte man sie besonders betrachten und einbinden.

Rang nach Gruppen-/Organisationszugehörigkeit

Der Rang nach Gruppenzugehörigkeit entsteht durch die Verweildauer der Personen in der Organisation. Personen mit längerer Team- und Organisationsgeschichte haben den subjektiven Eindruck, die Organisation besser zu kennen, ungeschriebene Regeln zu kennen, die Geschichte der Organisation zu kennen und damit zu wissen, was möglich ist und wie Veränderungen sich in dieser Organisation vollziehen. Dies gibt ihnen einen Erfahrungsvorsprung, der ihnen gleichzeitig das Gefühl eines Rangvorsprungs verschafft. Ein Satz wie „Der wird sich hier auch noch die Hörner abstoßen, … warte mal ab …“ bringt diese innere Haltung zum Ausdruck. Die Zugehörigkeitsdauer von Personen, die länger als man selber in der Organisation sind, sollte man als Teamleiter nicht nur ernst nehmen und würdigen, sondern die Bereicherung durch den Erfahrungsvorsprung auch nutzen. Übersieht oder missachtet man Personen mit längerer Gruppen- und Organisationszugehörigkeit, dann führt dies häufig zu Widerständen gegen neue Ideen und Veränderungsprojekte.

Lebensalter und Organisationszugehörigkeit stehen meist im Zusammenhang, sind aber unabhängige Variablen.

Rang nach Einsatzbereitschaft/Motivation

Wer sich stärker einbringt, zu mehr Opfern bereit ist als andere Teammitglieder, der hat das subjektive Gefühl, dass ihm als Ausgleich Vorteile zustehen. Einen höheren Rang erwirbt man sich also dadurch, dass man häufiger als andere etwas tut, was nicht Pflicht ist, oder dass man mehr Einschränkungen als andere Teammitglieder hinnimmt. Mehr Überstunden zu machen, an Feiertagen zu erscheinen, bei der Urlaubsplanung auf andere Rücksicht zu nehmen, für die anderen mitorganisieren, einzuspringen, wenn Not am Mann ist, etc. sind einige Beispiele für Motivation. Diese Handlungen erfolgen oft völlig unkalkuliert und basieren zum Teil durchaus auf einem altruistischen Anliegen für die Gemeinschaft. Dennoch erwächst aus ihnen eine Rangungleichheit, weil einige mehr tun als andere. Dies muss in irgendeiner Form eine Berücksichtigung finden, denn sonst wird absehbar die Frustration wachsen, dass Einsatzbereitschaft nicht gewürdigt wird. Teamleiter können zunächst darauf achten, welche Teammitglieder einen höheren Einsatz bringen als andere. Oft nutzt man deren Motivation z.B. durch Delegation sogar unbedacht zur Aufrechthaltung und Steigerung der Leistung. Auch wenn keine Belohnung für diesen Einsatz gefordert ist, sollte man Wege finden, wie man besonderen Einsatz angemessen und individuell passend würdigt.

Rang nach Kompetenz

Manche Teammitglieder müssen gar keinen besonderen Einsatz bringen, um hervorzustechen. Ihre Fähigkeiten und ihre Kompetenz ermöglichen es ihnen rascher und besser als anderen, die Arbeit zu erledigen. Sie kennen sich in den Details aus und sind in der Lage, die Probleme zu lösen, an die andere sich nicht heranwagen oder an denen sie scheitern. Aus diesem Kompetenzvorsprung leiten Mitarbeiter subjektiv das Recht ab, Vorteile zu genießen. Sie fragen sich: „Warum sollten für mich die gleichen Gesetze gelten wie für die anderen, wo ich doch besser bin als sie?“ Deshalb beobachtet man bei sehr kompetenten Teammitgliedern bestimmte Allüren und die Forderung nach Sonderrechten oder bestimmten Freiheiten. Im Sozialgefüge leitet sich also ein höherer Rang auch daraus ab, dass man fähiger ist als andere Teammitglieder mit gleichem Status. Teamleiter stehen in der besonderen Herausforderung, solchen Spitzenleistern einerseits Sonderrechte einzuräumen, dabei aber das rechte Maß zu halten, um nicht das Gemeinschaftsgefühl zu unterspülen.

Die beschriebenen Ränge stellen eine Auswahl dar, die sich erweitern ließe. Die Rangbildung wirkt jenseits offizieller oder bewusster Absprachen, sie hat also eine selbstorganisierte Wirkkraft, die mehr oder weniger stark ausfallen kann, die jedoch nicht wegdiskutiert werden kann. Als Teamleiter hat man durch seine Funktion den hierarchisch höchsten Rang. Man wird jedoch nur im Ausnahmefall in allen oben beschriebenen Aspekten ebenfalls den ersten Rang im Team einnehmen. Von daher erklären sich manche Rangeleien um inhaltliche Fragen dadurch, dass Teammitglieder aus einer Haltung der wahrgenommenen Rangüberlegenheit in Alter, Einsatz, Organisationszugehörigkeit oder Kompetenz heraus agieren.

Aber auch im Team entstehen Konflikte, weil die Ränge oft gegensätzlich verteilt sind: Eine Person mit hoher Kompetenz zeigt weniger Einsatz, während eine andere hohen Einsatz bringt, aber relativ weniger kompetent ist. Spannungen entstehen, weil einer sich dem anderen auf seinem Feld überlegen fühlt. Oder: Ein Teammitglied ist älter und viel länger in der Organisation als der andere, und zeigte immer sehr hohen Einsatz. Jetzt wird er von einem jüngeren mit hoher Kompetenz auf der Karriereleiter überholt. Jeder von beiden wird Argumente finden, warum es ihm zustünde, die höhere Position zu besetzen, aber es gibt nur eine Vakanz. Der Ausgleich solcher Rangspannungen gehört zur täglichen Führungsarbeit eines Teamleiters. Viele Spannungen im Team können aber vorhergesehen werden und deshalb auf niedrigem Eskalationsniveau gelöst werden. Dazu ist es erforderlich, dass man eine Sozialmatrix anlegt, auf der die Teammitglieder und man selbst als Teamleiter sich bezüglich der Ränge einträgt.

Übung

Zeichnen Sie für jeden der angegebenen Ränge eine Reihe. Personen mit hohem Rang stehen vorne, Personen mit mittlerem Rang in der Mitte und Personen mit niedrigem Rang hinten. Wenn Sie die Reihe Person für Person aufbauen können, umso besser.
Analysieren Sie nun die Situation, indem Sie vergleichen, wo die gleichen Personen hinsichtlich der unterschiedlichen Ränge verortet sind. Insbesondere wenn bei einer Person große Abweichungen hinsichtlich unterschiedlicher Ränge bestehen und eine andere Person ein Komplementärmuster aufweist, wäre dies ein Indiz für potenzielle Konflikte. Personen, die in mehreren Rängen im mittleren Bereich liegen, also kein ausgeprägtes Profil haben, sind typische Koalitionspartner im Sozialsystem.
Denken Sie über die sichtbaren Zusammenhänge in der entstandenen Sozialmatrix nach, so werden Ihnen auch blinde Flecken Ihrer Gruppenwahrnehmung bewusst.

1.2 Teamrollen

Das Modell der Teamrollen

Der Blick auf die objektiven Qualifikationen der einzelnen Teammitglieder oder das offizielle Organigramm zeigt weder, wie das informelle Beziehungsnetz gewoben ist, noch wie erfolgreich ein Team zusammenarbeitet. Dies kann man schon daran erkennen, dass Teams mit ausgewiesenen Einzelstars in Sport und Beruf durchaus Teams unterliegen können, deren einzelne Mitglieder im Schnitt leistungsschwächer sind. Die viel beschworene Synergie ist es, die aus dem Team mehr macht als die Summe der einzelnen Mitglieder. Was aber ist es, was Synergie im Team ausmacht?

Zur Beantwortung der Frage soll ein kleiner Umweg gewählt werden und zunächst der idealtypische Arbeitsprozess betrachtet werden. Der theoretisch optimale Arbeitsprozess durchläuft eine Schleife, die bei der Problemwahrnehmung beginnt, sich über die Problemanalyse, die Aufgabenbeschreibung fortsetzt, die Phase der Entwicklung von Lösungsalternativen und Auswahl einer Problemlösung durchläuft, der dann die geplante Abwicklung der Problemlösung folgt und die dann in eine kritische Analyse der Arbeitsergebnisse mündet. Dieser Prozess verläuft kreis- oder spiralförmig. Es gibt also kein Ende, sondern eine infinite Fortsetzung, bei der das Resultat der Beurteilung des Arbeitsergebnisses wieder in einer Problemanalyse mündet.

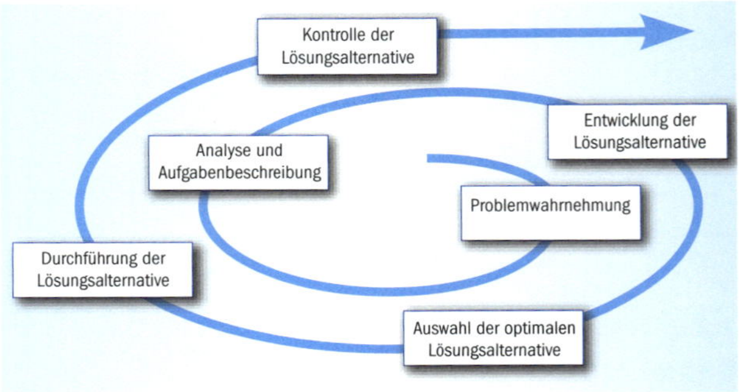

Der ideale Problemlöseprozess

Eine Möglichkeit, Synergie zu erklären, besteht nun darin, dass man annimmt, dass ein Team, das in allen Phasen des Prozesses optimal entscheidet und handelt und das in der Lage ist, die variierenden Stärken der Einzelpersonen in jeder Phase nutzen zu können, das bestmögliche Arbeitsergebnis erzielen kann. Man geht dabei von der weiteren Annahme aus, dass Teammitglieder Stärken und Schwächen in Bezug auf die unterschiedlichen Leistungsanforderungen in den einzelnen Prozessphasen besitzen. Werden nun die Stärken der Teammitglieder nicht im richtigen Moment des Prozesses aktiviert, dann schränkt dies die Gesamtleistung genauso ein, wie wenn eine bestimmte Stärke im falschen Moment des Prozesses aktiv wird. Dazu ein Beispiel: Wenn ein Mitarbeiter mit vielen kreativen Ideen sich in der Phase der Entwicklung von Lösungsalternativen einbringt, scheint dies der optimale Moment der Aktivität. Wird nun ein dominanter Kollegen aktiv, dessen Stärke darin liegt, Ideen auf Realisierbarkeit, Kosten, Detailzusammenhänge etc. zu prüfen, frustriert dies den wünschenswerten, freien Ideenfluss, und zwar im gesamten Team. Die Stärke des kontrollierenden Mitarbeiters kommt an dieser Stelle zu früh zum Einsatz. Sie stört an dieser Stelle, bereichert das Team jedoch in anderen Phasen des Arbeitsprozesses entscheidend. Die kreativen Anteile würden hingegen in der Phase der Durchführung der gewählten Alternative zu Störungen einer effektiven Planabwicklung führen.

Synergien zu schaffen, bedeutet für den Teamleiter, den Arbeitsprozess zu strukturieren und die Mitarbeiterpotenziale im richtigen Moment zu aktivieren und auch wieder zu deaktivieren, gemäß der Leitidee: Jedes Teammitglied ist stark, aber nicht zu jedem Zeitpunkt. Ein Teamleiter könnte mit dem Modell also auf der Ebene der kollektiven Arbeitsleistung den Arbeitsprozess betrachten und beurteilen, welche Phasen des Arbeitsprozesses stärker beachtet werden sollten, um die Arbeitsergebnisse des Teams zu verbessern.

Zum anderen bedeutet dies auch, dass ein Teamleiter eine zumindest grobe Einschätzung haben sollte, welche Stärken die einzelnen Teammitglieder und er selber wie in den Arbeitsprozess einbringen.

Unterschiedliche Sichten auf das Team

Der erste Schritt besteht darin, dass der Teamleiter seine eigenen Stärken und Schwächen einschätzen kann. Es ist nämlich anzunehmen, dass der Teamleiter die Phasen des Arbeitsprozesses besonders fokussiert, die seinen eigenen Stärken entsprechen. Die Gefahr besteht also darin, dass seine Stärken gleichzeitig seinen blinder Fleck definieren, da er überbewertet, was er selbst gut beherrscht, und unterbewertet, was bei ihm selbst nicht ausgeprägt ist.
Das nun folgende Modell identifiziert vier getrennte Fähigkeitsbereiche, hier werden sie Rollenanteile genannt, mit denen man zunächst auf der Individualebene ein Profil persönlicher Stärken und Schwächen erheben kann.

Individuelle Rollenanteile

Modell der Teamrollen-Anteile

Wenn Sie Ihre bisherigen Erfahrungen überdenken, werden Sie feststellen, dass jeder Mensch Präferenzen hat, die eine oder die andere Arbeit bevorzugt wahrzunehmen. Auch wenn ganz unterschiedliche Menschen ein und dieselbe Arbeit verrichten, variieren sie darin, welche Rollenanteile ihrer Persönlichkeit stärker ausgeprägt sind, welche sie bevorzugt einbringen und wie sie deshalb an eine Arbeit herangehen. Zunächst werden die vier hier unterschiedenen Rollenanteile beschrieben, die in Bezug auf die Arbeitsbewältigung von Bedeutung sind.

Sammleranteil

Informationen, Informationsquellen, Fakten, Statistiken, Theorien, eigene Assoziationen, gesammelte und aufbereitete Erfahrungen sind die Welt des Sammlers. Er will wissen, über welche Information man bereits verfügt und welche noch fehlt. Ihn interessiert, wo schon etwas zum Thema erarbeitet wurde, wer Auskunft geben könnte, welche Quellen man anzapfen könnte. Und es bereitet ihm Freude, all das zu erkunden und zu sammeln.
Er ist Versorger des Teams. Die Umsetzung der Informationen in die Praxis überlässt er lieber anderen, genauso wie die Auswahl der relevanten Informationen oder das Aussortieren des Belanglosen.

Kreativer Anteil

Der Kreative spinnt neue Ideen. Er fantasiert und malt sich aus, was möglich wäre, was man prinzipiell tun könnte. Die Entwicklung neuer Szenarien, möglicher neuer Produkte oder alternativer Vorgehensweisen berauscht ihn. Es fällt ihm leicht, erst einmal innerlich von den realen Beschränkungen Distanz zu nehmen. Er ist der Ideenmotor und nutzt das eigene träumerische Talent, Neues erst einmal zu entwickeln. Die Umsetzung dieser Ideen ist nicht sein Ding. Auch die Auswahl und Festlegung auf realisierbare und nicht realisierbare Konzepte löst oft Unmut bei ihm aus.

Der Macher-Anteil

Die Erstellung und Umsetzung von Plänen und Beschlüssen in die Realität sind die Welt des Machers. Er handelt und er drängt auf Ergebnisse und Vereinbarungen. Wenn etwas getan werden muss, dann geht es nur darum zu entscheiden, was wie in welcher Reihenfolge von wem bis wann erledigt werden muss. Begonnen wird jedenfalls gleich, damit keine weitere Zeit mit Träumen oder zusätzlicher Informationssuche vertan wird. Sein Realitätssinn sorgt für Ergebnisse im Team. Ideen spinnen, Neues denken, Informationen suchen und abwägen, erzeugt bei ihm/ihr Stress, weil dies den Output verzögert.

Der Kontrolleuranteil

Moment mal! Geht das wirklich? Wie genau? Das sind Reaktionen des Kontrolleurs. Fragen, in Frage stellen, Hinterfragen, Nachfragen. Er prüft alles auf Herz und Nieren. Um seiner kritischen und beurteilenden Haltung zu widerstehen, muss eine Meinung oder ein Vorschlag genauestens durchdacht sein. Erst wenn er das Thema von allen Seiten beleuchtet hat und auch die Details bedacht wurden, kann er zufrieden sein. Seine Ausgangsposition scheint erst einmal Kontra zu sein. Er ist die kritische Instanz, die verhindert, dass voreilig oder unbedacht gehandelt wird.
Ideen entwickeln oder sie umsetzen motiviert ihn nicht. Schwächen erkennen, prüfen und kontrollieren hingegen weckt sein Interesse.

Welche Rolle ist in Bezug auf die Aufgabenstellung besonders wichtig?

In den unterschiedlichen Phasen, in denen jeweils andere Qualitäten des Teams gefordert werden, hilft es nun, zu wissen, welche persönlichen Rollenanteile der Teammitglieder und/oder des Teamleiters aktiv werden sollten.
Wenn es darum geht, Probleme wahrzunehmen oder Aufgaben auszuführen, bewirkt jeder Rollenanteil ein anderes Vorgehen. Man kann nicht grundsätzlich und aufgabenunabhängig sagen, dass ein Rollenanteil besonders vorteilhaft ist. In anderen Phasen trägt es zum Erreichen eines optimalen Ergebnisses bei, wenn die Stärken der einzelnen Rollenanteile genutzt werden.

Phasen des Arbeitsprozesses	Geeignete Rolle
Problem wahrnehmen	Rollenunabhängig
Aufgabe oder Problem analysieren und beschreiben	– Sammler – Kontrolleur
Altnernativen entwickeln	– Kreativer
Optimale Alternative auswählen	– Kontrolleur
Aufgaben planen und verteilen	– Macher
Ausführung	Rollenunabhängig
Erfolgskontrolle	– Kontrolleur – Sammler

Rollenanteile und Arbeitsphasen

1.3 Rollenprofil und Aufgaben des Teamleiters

Da der Teamleiter qua Funktion die Aufgabe hat, den Arbeitsprozess des Teams zu steuern, ist es von Vorteil, wenn er sein persönliches Rollenprofil kennt. So verringert er seinen blinden Fleck und weiß, wo er sein Team am stärksten bereichert. Der folgende Fragebogen gibt Ihnen die Möglichkeit dazu. Außerdem kann der Teamleiter mit dem Modell arbeiten, um die Teammitglieder persönlich besser einschätzen zu können. Zumindest bei überschaubar großen Teams ist dies möglich. Im Zusammenhang mit Fördergesprächen ist dies als Vorbereitung ebenfalls eine unterstützende Informationsquelle.

Flexibilität in der eigenen Rolle

Guten Teamleitern wird nachgesagt, dass eine ihrer Qualitäten darin liegt, flexibel in Bezug auf die eigene Rolle im Team zu agieren.
Konkret bedeutet das, dass der Teamleiter erkennt, wenn Informationsdefizite vorliegen, die Ideenbasis zu schwach

ist, mit der Umsetzung gehadert wird oder zu unkritisch gedacht wird. Entsprechend handelt er selber aus der Rolle, die im Team zu schwach besetzt wird.

Aufgabenbezogene Teamsteuerung

Eine aufgabenbezogene Teamsteuerung geht davon aus, dass es je nach Aufgabe und je nach Phase der Aufgabenbearbeitung wichtiger ist, Sammler, Kreativer, Macher oder Kontrolleur zu sein. Wer als Teamleiter erkennt, was die momentane Situation erfordert, der kann die entsprechenden Personen fordern und andere zurückhalten.

Personalauswahl beachten

Es gibt eine menschliche Neigung, zwischenmenschliche Ähnlichkeit sympathischer zu beurteilen als Unähnlichkeit. Als Teamleiter sollte man bedenken, dass dies in der Personalauswahl, also wenn es um die Besetzung neuer Stellen im Team geht, zu systematischen Verzerrungen führt. Soweit Einfluss auf die Personalentscheidung besteht, sollte man als Teamleiter zwischen dem Sympathiefaktor (der für die Chemie wichtig ist), dem Aspekt, Rollen-Potenziale im bestehenden Team zu ergänzen, und den Rollenanforderungen, die durch die Aufgabe gestellt werden, austarieren.

Gegenseitige Toleranz der Teammitglieder fördern

Spannungen und Konflikte entstehen in Teams oft, weil die persönlichen Eigenheiten anderer Mitglieder als Schwächen und Defizite gedeutet werden. Die Idee der Teamrollen bietet eine andere Sicht an: Persönliche Unterschiede können als Qualitäten und Stärken genutzt werden, wenn man gegenüber dem Stil des anderen Toleranz aufbringt. Das ist eine Tugend, die der Vorsetzte vorleben und fördern kann.

Rollenvielfalt im Team

Als Grundregel scheint es sinnvoll zu sein, ein Team so zusammenzustellen oder es dahin zu entwickeln, dass in Bezug auf die Rollenanteile Vielfalt herrscht. Ausnahmeanforderungen durch spezielle Arbeitsteams und Kontextbedingungen müssen natürlich bedacht werden. Die Grundregel, Vielfalt anzustreben, ist aber deshalb von Vorteil, weil dies sicherstellt, dass eine breite Informationsbasis, Ideenvielfalt, kritische Reflexion und ergebnisorientiertes Arbeiten angestrebt werden.

Übung

1. Denken Sie zunächst an einzelne Mitarbeiter im Team und schätzen Sie sie als Person hinsichtlich der Stärken und Schwächen in Bezug auf die Rollenanteile ein. Dadurch trainieren Sie den personorientierten Blick auf den einzelnen Mitarbeiter. Das ist eine wertvolle Arbeit, um einschätzen zu können, ob bestimmte Anteile stärker oder schwächer ausgeprägt sind. Im Abgleich mit den Anforderungen der Arbeitsaufgabe eröffnet dies dem Teamleiter, einzuschätzen, auf welchen Rollenanteil Fördermaßnahmen auf der Individualebene zielen sollten, um Arbeitsleistungen zu verbessern.
2. Betrachten Sie nun die Teamebene. Wenn Sie die Gesamtleistung des Teams beschreiben würden, welche Anteile des Teams sind dann im Arbeitsprozess besonders stark vertreten und spiegeln sich auch im Arbeitsergebnis wider? Betrachten Sie dazu immer Teilgruppen, die gemeinsam an einem Projekt arbeiten oder gemeinsam an einem Arbeitsprozess beteiligt sind, oder analysieren Sie Besprechungen und deren Arbeitsverlauf.

1.4 Das Rollenprofil der Mitarbeiter

Wie gut kennen Sie die Teammitglieder?

Als Sie die Beschreibung der Teamrollen gelesen haben, erkannten Sie vielleicht schon den ein oder anderen Menschen aus dem Kollegen- oder Mitarbeiterkreis wieder.

Wenngleich das vorgestellte Modell der Teamrollen davon ausgeht, dass jeder Mensch alle Rollenanteile flexibel ein-

nehmen kann, liegen jedem bestimmte Rollen mehr als andere. Es ist also durchaus so, dass man in bestehenden Teams Personen identifizieren kann, die relativ konstant eine Rolle bevorzugen. Dies zeigt sich dann in Besprechungen, Projekten, in der Wahl der zu verteilenden Aufgaben, wann die Motivation hoch oder niedrig ist, etc.
Eine Diagnose der Rollenanteile der Teammitglieder oder auch von Kollegen, mit denen man als Teamleiter auf gleicher Ebene zusammenarbeitet, kann sehr aufschlussreich sein. Leistungsschwächen und zwischenmenschliche Konflikte haben oft damit zu tun, dass Persönlichkeiten nicht zusammenzupassen scheinen. Merkt man erst einmal, dass Spannungen aufgrund unterschiedlicher Bewertungen der Wichtigkeit einzelner Arbeitsaspekte entstehen und dass die verschiedenen Persönlichkeitsprofile auf ihre je eigene Art zum Gesamtergebnis beitragen können, ist der erste Schritt zu einer besseren Zusammenarbeit getan.
Da jedes persönliche Profil der Rollenanteile Stärken und Schwächen hat, ist keine besser oder schlechter als die andere. Entscheidender ist, dass man sich über die Stärken und Schwächen der jeweiligen Rolle bewusst ist. Es kommt darauf an, sie zu erkennen und in Bezug auf die zu bewältigende Arbeit zu bedenken, welcher Mitarbeiter für bestimmte Aufgaben besser geeignet ist, welche Unterstützung er wahrscheinlich benötigen wird, welche kritischen Situationen bei der Aufgabenbearbeitung wahrscheinlich zu erwarten sind. Der Austausch darüber und die Initiierung entsprechender Maßnahmen und Gegenmaßnahmen ist eine Führungsaufgabe, zu der das Modell der Teamrollen-Anteile Unterstützung bieten kann.

Übung

Nehmen Sie sich zunächst Zeit, über die einzelnen Personen Ihres Teams nachzudenken. Versuchen Sie anschließend in der Summe zu einer eher ganzheitlichen Einschätzung des Teams zu kommen.

Zeichnen Sie in das auf der folgenden Seite abgedruckte Diagramm ein, wie stark jede Rolle relativ zu anderen in Ihrem Team vertreten ist.

- Wo liegen die Stärken und woran werden sie in der praktischen Arbeit erkennbar?
- Wo liegen die Schwächen und woran werden sie in der praktischen Arbeit erkennbar? Was unternehmen Sie, um die Schwäche auszugleichen?
- Fällt es schwer, das Team einzuordnen? Vielleicht ist das ein Hinweis darauf, dass Sie die Teammitglieder genauer kennen lernen sollten.

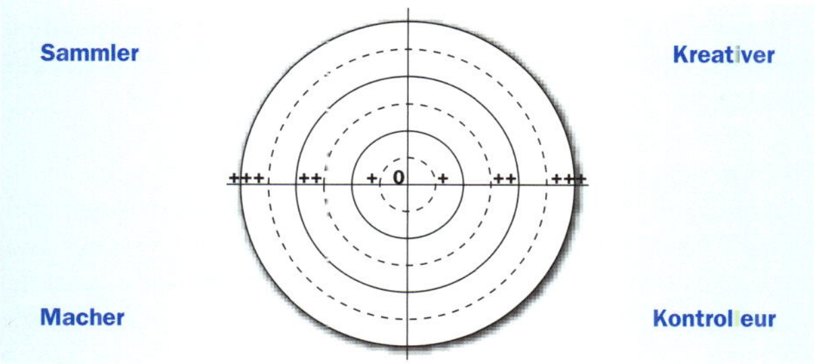

Teamprofil

1.5 Das ideale Team zusammenstellen

Bis hierher sollte es deutlich geworden sein, dass hier die Ansicht vertreten wird, dass man keine Idealkombination eines Teams auf der Basis der persönlichen Profile vorgeben kann. Ein Team ist mehr als die Summe der einzelnen Persönlichkeitsprofile. Auch eine verallgemeinernde Gleichverteilung der Rollenanteile im Team scheint weder notwendig noch sinnvoll oder realistisch zu sein, solange man nicht die konkreten Rahmenbedingungen, unter denen ein Team arbeitet, durchdacht hat.

Persönliche Hintergründe

Ausbildungen, Berufswege, Erfahrungsfelder von Berufstätigen gehen weit auseinander. Einige Mitarbeiter waren vielleicht immer gefordert, kreativ zu sein, andere waren stärker gezwungen, Routinen abzuarbeiten und Pläne umzusetzen. Das Berufsbild eines Controllers ist zum Beispiel typischerweise durch eine kontrollierende und steuernde Grundhaltung geprägt. Solche berufsbiographischen Hintergründe prägen. Bei Teams aus Mitgliedern mit homogenem Hintergrund kann es also durchaus ein einseitiges Gesamtprofil der Rollenanteile geben. Daraus resultierende Defizite im Gruppenprofil lassen sich oft leichter durch passende Trainings mit projektbezogener Zielsetzung oder durch einen Zukauf von kurzfristig erforderlichem Beratungswissen ausgleichen, ohne dass man die Zusammensetzung eines funktionierenden Teams verändert.

Teamgröße

In kleineren Teams ist man von vornherein gezwungen, flexibel in unterschiedliche Rollen zu schlüpfen. Es ist ein systemisches Prinzip, dass Gruppen sich in Anbetracht gemeinsamer Herausforderungen selbst organisieren. Die Frage, wie welche Rollenanteile durch neue Teammitglieder gezielt besetzt werden können, ergibt sich gar nicht erst, weil etwa zu wenige Personen verfügbar sind, Ressourcen dazu fehlen oder weil von vornherein feststeht, wer dabei sein muss. Der Ansatzpunkt der Teamleitung besteht dann eher darin, das Modell des Arbeitsprozesses zu berücksichtigen, das Wir-Gefühl und die Motivation zur Zielerreichung zu stärken. Einzelne Teammitglieder wachsen unter guten Bedingungen dann über sich hinaus und auf der Kollektivebene entfalten sich Potenziale, die aus der Summe der Einzelprofile nicht vorhersehbar waren.

Arbeitsaufgabe

Manche Arbeitsaufgaben sind von ihrer Struktur her so beschaffen, dass sie beispielsweise zwingend starke Kontrolleur-Anteile oder Sammler-Anteile erfordert. Ein schlagkräftiges Team kann also durchaus ganz homogen besetzt sein, wenn die Arbeit nur auf das Ausführen einer Tätigkeit mit eng umrissenen Tätigkeitsanforderungen abzielt, andere Rollenanteile aber nicht gefordert sind. Die Durchführung von Routineaufgaben beispielsweise erfordert in der Regel Macher-Qualitäten. Personen mit ausgeprägten Sammler- oder Kreativanteilen würden dabei sogar frustriert.

Unternehmenskultur

Die Unternehmenskultur bestimmt auch, was machbar ist und was toleriert wird. So mag es für ein Team notwendig sein, starke kreative Impulse zu bekommen, um innovative Ideen zu entwickeln, aber im Team fehlt diese Komponente. In mancher konservativen Unternehmenskultur würde ein Mitarbeiter mit stark kreativen Anteilen nicht gedeihen. In einem solchen Fall ist der kurzfristige Zukauf von externem Wissen sicher sinnvoller als die Komplettierung des Teams durch einen Kreativen.

Welche Rollen sind bei Ihnen am stärksten ausgeprägt? – Test zum persönlichen Rollenprofil

Sie haben jetzt die Chance, Ihr persönliches Rollenprofil genauer kennen zu lernen. Füllen Sie einfach den nebenstehenden Test aus und werten Sie ihn aus.

Vorgehen:

Geben Sie bei den aufgeführten Aussagen jeweils den Grad Ihrer Zustimmung an.
Vergeben Sie
eine 0, wenn Sie der Aussage überhaupt nicht zustimmen,
eine 1 für eine schwache Zustimmung,
eine 2 für mittlere Zustimmung und
eine 3 für starke Zustimmung.

1.	Ich informiere mich gerne vielseitig, frage unterschiedliche Personen, recherchiere, habe meine eigene „Bibliothek“ und Datenbank.	
2.	Ich schätze es, eine breite Informationsbasis zu haben, und lese lieber noch zusätzlich etwas nach, bevor ich mich entscheide.	
3.	Ich liebe und sammle Übersichten, Zusammenfassungen und Charts.	
4.	Ich sammle Informationen, auch wenn ich sie vielleicht irgendwann erst benötige.	
5.	Ich trenne mich schwer von Papieren.	
6.	Routinen fallen mir schwer.	
7.	Ich habe ständig Ideen und mache mir auch Gedanken, was man anders machen könnte.	
8.	Ich liebe es, mich über Projekte und neue Produkte auszutauschen.	
9.	Ich langweile mich schnell, wenn es an die Umsetzung und Verfolgung von Plänen geht.	
10.	Man beneidet mich oft wegen meiner außergewöhnlichen Einfälle.	
11.	Es gelingt mir gut, Prioritäten zu setzen und Pläne zu machen.	
12.	Ich verfolge eine angefangene Arbeit in der Regel bis zum Ende.	
13.	Ich halte mich selten mit Ideen auf, die nicht sofort umsetzbar sind.	
14.	Ich habe Organisationstalent.	
15.	Ich bin Realist und orientiere mich am Machbaren.	
16.	Ich erkenne relativ schnell, wo Schwachpunkte einer Idee sind.	
17.	Ich bin sehr genau und hinterfrage oft das Wie, Warum, Wer, Wo und Was einer Sache.	
18.	Mir fallen häufiger Details auf, die andere übersehen.	
19.	Kontrolle und Überprüfung bereiten mir Freude.	
20.	Ich halte mich eher an Bewährtes, als voreilig etwas Neues auszuprobieren.	

Auswertung Zählen Sie die Punkte zusammen und übertragen Sie Ihr Profil																	
Summe Frage 1-5	**Sammler**	0					5					10					15
Summe Frage 6-10	**Kreativer**	0					5					10					15
Summe Frage 11-15	**Macher**	0					5					10					15
Summe Frage 16-20	**Kontrolleur**	0					5					10					15

Typische Konflikte zwischen Personen mit ausgeprägten Rollenanteilen

Sammler ↔ Macher
Sammler und Macher geraten in Konflikt, weil der Macher schon längst aktiv werden will, während der Sammler noch nicht genug Sicherheit hat. Dem Macher geht es zu langsam, er befürchtet, dass unnötige Zeit vertrödelt wird, während es dem Sammler zu schnell geht. Er befürchtet, dass voreilig gehandelt wird und man es später bereut.

Kreativer ↔ Macher
Kreativer und Macher geraten in Konflikt, weil der Macher Ideen umsetzen will, während der Kreative Ideen produzieren möchte. Dem Kreativen wird es langweilig, wenn man sich auf eine Idee festlegen und diese dann beharrlich verwirklicht werden soll. Der Macher neigt hingegen dazu, den Kreativen für einen Träumer zu halten.

Kreativer ↔ Kontrolleur
Kreativer und Kontrolleur geraten in Konflikt, weil der Kontrolleur die Ideen des Kreativen wie Ballons zerplatzen lässt, noch bevor sie richtig Gestalt annehmen können. Der Kontrolleur handelt so, weil ihm die Entwürfe des Kreativen

schon nach kurzem Nachdenken und Nachfragen völlig unrealistisch erscheinen. Dem Kreativen hingegen erscheint das Verhalten des Kontrolleurs spitzfindig und destruktiv.

Macher ↔ Kontrolleur
Macher und Kontrolleur geraten in Konflikt, weil der Kontrolleur durch sein Prüfen, Nachfragen, Vergleichen auf Sicherheit und Einhaltung von Regeln drängt. Dem Macher, der im Handeln das Erreichbare an den realen Gegebenheiten und sein Verhalten an den Umweltbedingungen misst, erscheinen die Forderungen des Kontrolleurs weltfremd, kleinlich und wie behindernde Schikane.

1.6 Balance der Teamfaktoren im Teamdreieck

Erweitern wir nun zur Analyse der Teamsituation den Blickwinkel von der bisherigen Betrachtung der Individuen (d.h. der Rolle des Teamleiters und den Rollenanteilen der Personen) auf das Team als kollektive Einheit.
Einen Zugang bietet das Konzept der themenzentrierten Interaktion (TZI). Auf der folgenden Doppelseite wird ein für die Belange dieses Kapitels komprimierter Auszug aus diesem Methodenkonzept vorgestellt und anschließend im vorliegenden Abschnitt auf die Analyse der Teamsituation angewandt.
Der Teamleiter hat grundsätzlich die Aufgabe, seine Führungsfunktion so auszufüllen, dass die Mitarbeiter ihre arbeitsbezogenen Potenziale optimal entfalten können. Sind die Rahmenbedingungen dazu gegeben und gelingt dies der Führungskraft, dann wird die Gruppe zweifellos zum Team und optimale Leistungen werden die Folge sein. Was dabei angestrebt ist, ist ein dynamisches Gleichgewicht jener Faktoren, die eine Gruppe prägen. Die Themenzentrierte Interaktion nach Ruth Cohn beschreibt in ihrem TZI-Dreieck diese Faktoren und die Annahmen zu ihrem Zusammenspiel.

Zunächst soll nun präzisiert werden, wie das aus der Gruppendynamik stammende TZI-Modell hier im Unternehmenskontext adaptiert wird. Die Begriffe und das Begriffsverständnis werden dem Kontext entsprechend angepasst, sodass hier von einem Teamdreieck gesprochen wird, dessen Balance sich durch die Beeinflussung der Faktoren Einzelperson, Team, Arbeitsaufgabe, Umfeld aufrechterhalten lässt. Der Teamleiter ist durch die seiner Funktion innewohnende Verantwortung derjenige, der offiziell berechtigt und verantwortlich ist, die Teamsituation zu steuern.

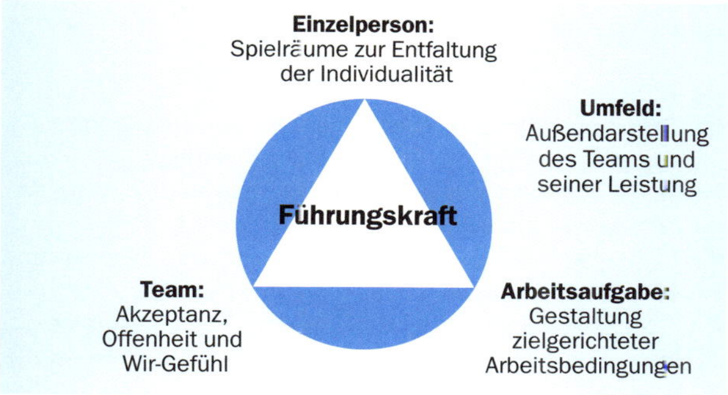

Die Einflussfaktoren der Teamsituation im Teamdreieck

Einzelperson

In einem guten Team hat der Einzelne Raum, seine Individualität zu entfalten. Die Grenzen dieses Raumes werden durch die Berücksichtigung der anderen Faktoren gezogen. Der Einzelperson Freiheiten einzuräumen, kann also nicht bedeuten, alle egoistischen Interessen zuzulassen. Aber der Einzelne wird motivierter sein, wenn er eigene Verantwortlichkeit und Entwicklungsmöglichkeiten hat, wenn er Spielräume, Autonomie und Abwechslung bei seiner Arbeit erlebt. Wird die Möglichkeit, eigene Interessen zu verwirklichen, durch die anderen Faktoren zu sehr begrenzt, fühlt sich das

Das TZI-Dreieck

In der TZI hat Ruth Cohn vier Faktoren beschrieben, die in einer Gruppe in einem dynamischen Gleichgewicht sein sollten.

Dieses dynamische Gleichgewicht

- ist die Voraussetzung für eine hohe Leistungsfähigkeit der Gruppe und
- die Arbeit daran ist ein unabschließbarer Prozess des Balancierens, bei dem die Bedeutung, die jeder Faktor erfährt, sich immer wieder verlagert.

Die Faktoren sind:

- das Ich, womit hier jedes einzelne Teammitglied mit seinen ganz persönlichen Bedürfnissen gemeint ist,
- das Wir, womit das Team als Gemeinschaft und kollektives Ganzes gemeint ist,
- das Es, womit die Aufgabe des Teams, sein Daseinsgrund gemeint ist, und
- die Umwelt, womit der Bezug des Teams zum umgebenden Organisationssystem im sozialen und historischen Kontext gemeint ist.

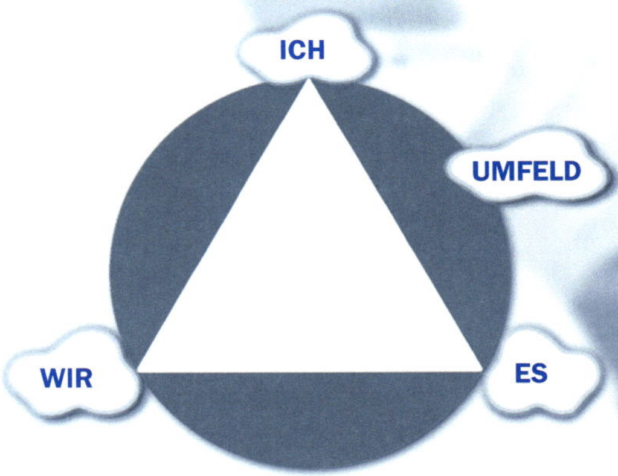

Vorteil des Modells

Das Modell reduziert die komplexe Dynamik der Gruppe auf das Zusammenspiel von überschaubaren vier Faktoren. Zahlreiche Situationen in Teams lassen sich so anschaulich analysieren und verstehen, und Hypothesen zur Einflussnahme lassen sich gezielt ableiten.

Die einseitige Über- oder Unterbetonung eines Faktors kann kurzfristig problemlos sein, führt mittel- und langfristig jedoch vorhersehbar zu Spannungen. Einige Beispiele sollen das verdeutlichen:

- Die individuellen Bedürfnisse der Einzelnen werden zu stark bedient. Mögliche Folge: Das Wir-Gefühl geht verloren.
- Das Teamdenken und der Teamgeist werden überbetont. Mögliche Folge: Der Einzelne erlebt Gruppenzwang und kann seine eigenen Qualitäten nicht entfalten.
- Die Arbeitserfüllung steht einzig im Vordergrund. Mögliche Folge: Jeder ist auf seine Zielerfüllung fixiert und das Wir-Erlebnis kann sich nicht entwickeln.
- Die Rahmenbedingungen wechseln ständig. Mögliche Folge: Arbeitsaufgaben werden nicht vollendet und Erfolge vereitelt.

Für die konkrete Anwendung muss man die einzelnen Faktoren ausdifferenzieren und erhält dann ein Instrument, mit dem man den Grad der Balance in seinem Team abschätzen und den Bereich der Imbalance präziser lokalisieren kann (Fortsetzung von Abschnitt 1.5).

Auf der Basis einer präziseren Analyse lässt sich das Team außerdem darüber managen, dass Ungleichgewichte bei dem jeweiligen Faktor ausgeglichen werden (siehe Abschnitt 2.2).

Teammitglied frustriert. Die Folge ist, dass vorhandene Energien gespeichert und außerhalb der Arbeit und des Teams auf das Erreichen jener unbefriedigten Ego-Interessen gelenkt werden.

Team

Ein ausgeprägtes Teamgefühl lässt sich mit gegenseitiger Akzeptanz, Offenheit und dem Gefühl der Zugehörigkeit beschreiben. Dies schließt keinesfalls Leistungsvergleich, Wettbewerb und hartes Ringen im Meinungsaustausch aus. Grundsätzlich besteht aber eine Atmosphäre, in der häufiger auf das Verbindende und das gemeinsame Ziel geschaut wird als auf das Trennende. Das Wir-Gefühl eines Teams schafft einen Kontext, in dem das individuelle Interesse freiwillig dem Gruppeninteresse nachgeordnet wird und dennoch eine persönliche Bereicherung erlebt wird. Selbst bei Differenzen kann die Unvereinbarkeit im Einzelnen als gleichberechtigte Andersartigkeit toleriert werden. Teamgefühl kann nur durch Gemeinschaftserleben entstehen, d.h. Aktivitäten, in denen die Einzelpersonen sich in der Gruppe arrangieren müssen und Vorteile, Lust und persönlichen Gewinn erleben.

Arbeitsaufgabe

Jedes Team hat eine Aufgabe, das, wozu die Tätigkeit des Einzelnen der persönliche Beitrag ist. Eine Aufgabe ist reizvoller, wenn sie als herausfordernd erlebt wird, wenn sie den Einsatz aller verfügbaren Kräfte fordert und wenn man an ihr wachsen kann. Anspruchsvolle, aber erreichbare Ziele, die Möglichkeit, persönliche Fähigkeiten einzubringen, und die Aussicht auf materielle und/oder immaterielle Belohnung sind Kriterien für eine motivierende Arbeitsaufgabe. Aus diesen Gründen wird vorhersagbar, dass Teammitglieder, die ihre Arbeit nicht als Beitrag zu einer Arbeitsaufgabe des Teams verstehen oder die wenig herausfordernde Routinen abarbeiten, keine optimale Teamleistung erbringen werden.

Umfeld

Da das Team nur ein Element des Gesamtsystems der Organisation ist, muss es auch in Beziehung zu den anderen Elementen verstanden werden. Ein gutes Team ist nur dann gut, wenn es auch von außen als solches wahrgenommen wird. Dies ist zum Teil eine Frage der Außendarstellung. Außerdem muss der Informationsaustausch nach außen funktionieren – mit den anderen Abteilungen und Ebenen der Organisation. Das berührt die Frage, wie starr und durchlässig die Grenzen des Teams sind. Vergleichbar wie in einem Stoffwechselsystem bestimmt die Qualität des Inputs auch die Qualität der Ergebnisse, die produziert werden können. Ein Team, das sich zu sehr abschottet und die Offenheit seiner Grenzen zu wenig beachtet, wird mittelfristig zum Fremdkörper der Organisation.

Teamleiter als steuerndes Element

Dem Teamleiter kommt die Aufgabe zu, die Faktoren des Teamdreiecks zu analysieren und so zu intervenieren, dass immer wieder ausgleichend auf einzelne Faktoren eingegangen wird. Wie dies geschehen kann, wird in Kapitel 2 ausführlich beschrieben. In diesem Kapitel soll zunächst ein Instrument angeboten werden, um die Analyse der Teamsituation vorzunehmen.

Werfen Sie einen Blick auf Ihre Teamsituation!
– Fragebogen zur Diagnose der Teamsituation

Im folgenden Fragebogen erhalten Sie die Möglichkeit zu erkennen, wie weit die Situation in Ihrem Team in Balance ist. Die Auswertung ermöglicht Ihnen eine präzise Antwort, ob und bei welchem Faktor Sie zielgerichtet aktiv werden können.

Vorgehen:

Geben Sie bei den aufgeführten Aussagen jeweils den Grad Ihrer Zustimmung an. Vergeben Sie

eine 0, wenn Sie der Aussage überhaupt nicht zustimmen,
eine 1 für eine schwache Zustimmung,
eine 2 für mittlere Zustimmung und
eine 3 für starke Zustimmung.

1.	Die Teammitglieder sind alle akzeptiert. Es gibt keine Außenseiter.	
2.	Individuelle Meinungen und abweichende Vorstellungen werden offen diskutiert.	
3.	Die Mitglieder des Teams können sich geltenden Normen des Teams entziehen und nutzen dies auch ohne Folgen.	
4.	Jeder im Team hat seinen eigenen Verantwortungsbereich.	
5.	Die Meinung jedes Teammitglieds zählt. Man hört jedem zu.	
6.	Es wird nicht versucht, Andersartigkeiten einzelner Personen in Ausdruck, Neigungen, Verhalten zu bekehren oder anzupassen.	
7.	Innovation und Erneuerung, Infragestellen bestehender Prozesse und Denkweisen ist möglich und wird auch praktiziert.	
8.	Die Zuständigkeiten und Aufgaben sind personell eindeutig zugewiesen.	
9.	Die Arbeit wird von den Teammitgliedern als herausfordernd erlebt. Das Erreichen der Arbeitsziele wird als motivierend erlebt.	
10.	Bei der Arbeit und bei Besprechungen herrscht Ergebnisorientierung vor.	
11.	Es gibt klare Ziele, deren Erreichen oder Nichterreichen auch thematisiert wird.	
12.	Leistungsschwächen Einzelner werden thematisiert und Wege zur Veränderung gesucht.	
13.	Leistung wird nicht als selbstverständlich hingenommen. Lob und Anerkennung werden geäußert.	
14.	Die Personen sind entsprechend ihren Fähigkeiten eingesetzt. Anpassungen der Qualifikationen werden vorgenommen.	
15.	Einzelne Teammitglieder sind zu Einschränkungen bereit, wenn es die Gesamtlage erfordert.	
16.	Es herrscht ein Gefühl von Verbundenheit und Gemeinschaftssinn vor.	

17.	Es gibt gemeinsame Rituale, die gepflegt werden und an denen alle teilhaben.	
18.	Kritik wird offen geäußert, ebenso abweichende Ideen, Meinungen und Vorschläge.	
19.	Konflikte zwischen Kollegen schwelen nicht lange, sondern werden schnell erkannt und/oder ausgeräumt.	
20.	Alles in allem herrscht ein Klima gegenseitiger Akzeptanz und Toleranz vor.	
21.	Es gibt regelmäßige gemeinsame Zusammenkünfte, formelle (Besprechungen, Workshops, ...) und informelle (gemeinsame Freizeitaktivitäten).	
22.	Es bestehen vielfältige Kontakte zu anderen Abteilungen innerhalb der Organisation.	
23.	Der Vorgesetzte hat Verbindungen und Kontakte zu Personen außerhalb der Organisation.	
24.	Die Aufgaben des Teams sind in der Organisation anerkannt und die Ergebnisse der Arbeit werden im Unternehmen gewürdigt.	
25.	Das Team wird selten von „Neuigkeiten" überrascht. Es ist in der Regel rechtzeitig über wichtige Themen informiert.	
26.	Der Vorgesetzte vertritt die Interessen des Teams erfolgreich nach außen in Gremien und vor Verantwortlichen.	
27.	Der Vorgesetzte kümmert sich darum, dass das Team mit den zur Zielerreichung erforderlichen Ressourcen versorgt wird.	
28.	Das Klima innerhalb des Teams ist verglichen mit anderen Abteilungen überdurchschnittlich und zieht andere Mitarbeiter an.	

Auswertung
Faktor Person Errechnen Sie die Punktsumme der Fragen 1-7:
Faktor Aufgabe Errechnen Sie die Punktsumme der Fragen 8-14:
Faktor Team Errechnen Sie die Punktsumme der Fragen 15-21:
Faktor Umfeld Errechnen Sie die Punktsumme der Fragen 22-28:

Interpretation der Ergebnisse

Sie können nun für jeden Faktor über den jeweiligen Punktwert anhand der unten stehenden Interpretationshilfe abschätzen, ob und wieweit Handlungsbedarf besteht. In der Gesamtschau werden Sie erkennen, wo Ihr Teamdreieck aus der Balance ist. Es dürfte klar geworden sein: Die 28 Fragen stellen keinen empirisch geprüften Test dar, sondern es geht darum, einen Orientierungsrahmen zu schaffen, ohne sich sklavisch an einzelnen Punktzahlen festzuhalten.

Punktsumme 0-9: Akuter Handlungsbedarf

Bei weniger als neun Punkten wird deutlich, dass der betreffende Faktor bisher zu wenig beachtet wurde. Es ist sehr wahrscheinlich, dass dieser Faktor Konflikte im Team verursacht. Als Teamleiter sollten Sie sich intensiver mit den Themen beschäftigen, die in den Fragen zu diesem Faktor vorgestellt wurden. Das nachfolgende Kapitel 2 bietet sich zum Nachschlagen an.

Punktsumme 10-14: Handlungsbedarf

Sie haben bei diesem Faktor Schwächen. Vielleicht deuten sich Konflikte in Ihrem Team an, wenn sie nicht schon offen zutage getreten sind. Sie wissen vermutlich auch schon, dass dieser Faktor stärker beachtet werden muss. Lesen Sie sich als Teamleiter die Fragen zu diesem Faktor noch einmal durch und beschäftigen Sie sich mit dem folgenden Kapitel 2, um weitere Anregungen zu erhalten, was Sie tun können.

Punktsumme 15-21: Glückwunsch

In diesem Punktbereich besteht Grund zur Gelassenheit. Das, was diesen Faktor ausmacht, wird im Wesentlichen oder sogar voll erfüllt. Sie können diesen Faktor als gut beachtet bei Ihrer Teamleitung verbuchen. Konzentrieren Sie sich auf Faktoren mit höherem Handlungsbedarf, um die Teamsituation zu optimieren.

2 Teams führen

Gebraucht wird mehr als Handwerkszeug

2.1 Drei Faktoren der Teamführung

Vertrauen, Sicherheit und Koordination etablieren

Die Teammitglieder sind erst dann frei, ihre Energie vollständig auf die Aufgabenerfüllung zu konzentrieren, wenn sie davon entlastet werden, das erforderliche Klima herzustellen, das die Aufgabenerfüllung erst ermöglicht. Dieses Klima wird maßgeblich dadurch geschaffen, dass Vertrauen in der Gruppe existiert, dadurch, dass das Umfeld kalkulierbar ist (Sicherheit), und dadurch, dass die Koordination mit den Kollegen geregelt ist und nicht permanent neu ausgehandelt werden muss. Eine Führungskraft, die diese drei Funktionen wahrnimmt, etabliert das Treibhausklima für Leistungswachstum und den Kontext für die Balance der in Kapitel 1 beschriebenen TZI-Faktoren.

Führungsfunktionen im Team

Die Erfahrung zeigt, dass Vertrauen, Sicherheit und Koordination entscheidend und voraussetzend für ein Teamgefühl und eine optimale Leistung sind. Das ist eine starke Behauptung und ich empfehle Ihnen, darüber ernsthaft nachzudenken. Die Erfüllung der Funktionen richtet sich nach innen auf das Team, und nach außen auf die Systemumwelt des Teams. Vernachlässigt der Teamleader die

Faktoren in einer oder beide Richtungen, hat dies Ausgleichsbewegungen des Teams zur Folge, um unter den gegebenen Bedingungen arbeiten zu können. Diese sollen nun beschrieben werden.
Die Führungsfunktionen lassen sich direkt in Bezug zu den vier Faktoren des TZI-Modells denken (vgl. Seite 31/35):

Was bedeutet Sicherheit?

Sicherheit entsteht durch verlässliche Kriterien in Bezug auf die Beurteilung der korrekten Aufgabenerledigung, auf die Stellung und die Verantwortlichkeit jedes Teammitglieds. Es geht dabei um Vorhersagbarkeit bezüglich der Entscheidungsfindung, bezüglich der Beurteilungskriterien von Richtig und Falsch. Sicherheit bedeutet auch die Sorge um und die Wahrung von persönlichen Grenzen – nicht nur in Konfliktfällen. Der Vorgesetzte ist aufgrund seiner Rolle gleichermaßen befugt und aufgefordert, die Sicherheit des Einzelnen im Team und des Teams nach außen zu gewährleisten.

Folge eines Mangels an Sicherheit

Zwei extreme Führungsstile mögen die Folgen mangelnder Sicherheit verdeutlichen: der Laisser-faire-Führungsstil und der gegenpolige autoritäre Führungsstil. Um die Gegensätze zu konturieren, stelle man sich auf der einen Seite einen eremitischen Handlungsverweigerer und auf der anderen Seite einen unberechenbaren Tyrann vor. Beide Extremstile tragen eine hohe Unsicherheit ins Team.
Die Folgen sind,

- dass jeder Einzelne Vorkehrungen und Verhaltensweisen wählen wird, mit denen er sich vor persönlicher Versehrtheit schützt (ICH),
- dass sich das Teamdenken, also ein Wir-Gefühl, nicht entwickeln kann (WIR),
- dass die Arbeitsleistung durch Maßnahmen individueller Absicherung gebremst wird (ES) und

- dass die Außendarstellung als geschlossenes und effektives Team dadurch kaum gelingen wird (UMWELT).

Was bedeutet Koordination?

Koordination erfordert von der Führungskraft die Ordnung der Arbeitsprozesse, die Priorisierung der Arbeitsaufgaben, Informationsweitergabe, die Aufrechterhaltung des Informationsflusses innerhalb des Teams, die Berücksichtigung individueller Stärken und eine sinnvolle Delegation. Darunter fällt auch die Vernetzung der Teammitglieder in und durch Zusammenkünfte und die Außenkoordination zwischen Team und Organisation.

Folgen eines Mangels an Koordination

Ein Mangel an Koordination hat chaotische Verhältnisse zur Folge.

- Der Einzelne vermisst klare Aufgaben- oder Zuständigkeitszuweisungen (ES).
- Oder er fühlt sich auf verlorenem Posten und muss möglicherweise selbst Strukturen etablieren, um seine Tätigkeit zu bewältigen, obwohl er sich damit in Gefahr begibt, seine Zuständigkeit zu überschreiten (ICH).
- Im Team entstehen so Spannungen, weil jeder gezwungen ist, persönlich Koordinationsleistung zu erbringen, ohne die dazu erforderliche Autorität zu besitzen, was schnell zu gegenseitigen Anklagen und Konflikten führt (WIR).

Die Einzeleffekte stehen natürlich auch in Wechselwirkung und schaffen eine verwickelte Gleichzeitigkeit von Verantwortungslosigkeit und Kompetenzüberschreitung im Team.

Was bedeutet Vertrauen?

Vertrauen entsteht, wenn der Vorgesetzte seine Bewertungskriterien transparent macht und wenn er sich an einer Leitlinie von Gerechtigkeit und Gleichbehandlung der Team-

mitglieder orientiert. Auf diese Weise werden seine Handlungen und Entscheidungen nachvollziehbar und seine Reaktionen vorhersehbar. Es gibt keine Bevorzugung Einzelner. Das Vertrauen der Teammitglieder steigt, weil auf diese Weise unmittelbar vorhersehbar wird, welche Folgen das eigene Verhalten hat.
Vertrauen bezieht sich aber auch darauf, dass der Vorgesetzte durch sein Verhalten glaubhaft macht, dass er die Potenziale seiner Mitarbeiter sieht und auf ihre Kompetenzen und in ihre Fähigkeit vertraut, gesetzte Arbeitsziele zu erreichen.

Folgen eines Mangels an Vertrauen

Die Folgen eines Vertrauensmangels spiegeln sich unmittelbar im Anstieg der Distanz zwischen Mitarbeitern und Teamleiter wider.

- Das Zugehörigkeitsgefühl im und zum „Team" verringert sich, weil das Team keine Attraktivität besitzt (ICH, WIR).
- Die Arbeitsziele werden nicht herausfordernd sein, und die Motivation, über die eigenen Grenzen hinauszuwachsen, wird denkbar gering sein (ES).
- Die Tendenz, sich außerhalb des Teams zu engagieren oder es zu verlassen, wächst (UMWELT).

Innen- und Außenorientierung als Führungsaufgabe

Die Beschreibungen in den vorangegangenen Absätzen machen bereits deutlich, dass es die Aufgabe des Teamleiters – also der Führung und nicht der Mitarbeiter – ist, über die Grenzen des eigenen Teams hinaus zu denken und entsprechend zu handeln. Sicherheit, Koordination und Vertrauen beziehen sich deshalb auch darauf, dass man als Teamleiter innerhalb der Organisation, in Gremien, in formellen und informellen Zusammenkünften

- die Sicherheit vermittelt, dass das Team seine Aufgaben optimal erfüllt,

- notwendige Kontakte herstellt und ausbaut, die dem Team helfen,
- Vertrauen zu anderen Bereichen aufbaut und sich weitblickend in das unternehmenspolitische Netz einflicht.

2.2 Teamführung im Teamdreieck

Im Kapitel 1 bot Ihnen ein Fragebogen die Möglichkeit, Ihre Teamsituation zu diagnostizieren (S. 28). Die Auswertung mündete in die Einschätzung, wie gut Sie bisher die einzelnen Teamfaktoren berücksichtigen. Hier erhalten Sie nun konkrete Hinweise, um eine aus dem Lot geratene Teambalance durch gezielte Aktionen wiederherzustellen. Beachten Sie, dass Ihre Glaubwürdigkeit der Dreh- und Angelpunkt für deren Wirksamkeit ist.

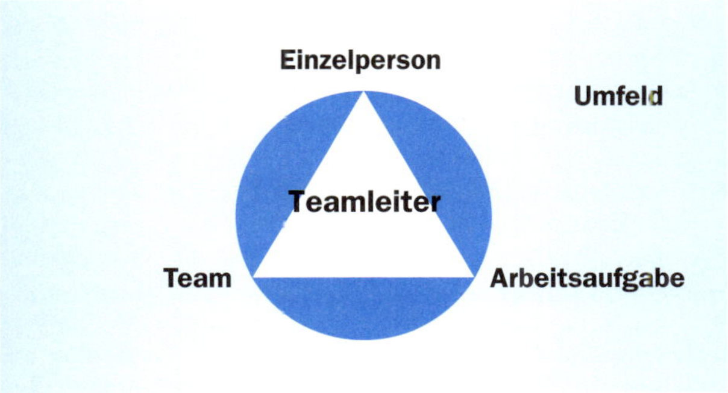

Spannungsfeld des Teamleiters/der Teamleiterin

Verbesserungsvorschläge zum Faktor Team:

- Stellen Sie im Team die Bedeutung von Kooperation, Gemeinschaft und Zusammenhalt heraus. Etablieren Sie den Gedanken, dass der Einzelne auch bei kurzfristigen Einschränkungen in seiner Gesamtbilanz unter dem Strich profitiert.

- Achten Sie darauf, dass sich gemeinsame Rituale wie Formen der Belohnung, gemeinsame Aktionen oder Feiern zu besonderen Anlässen etablieren, in denen sich ein ungezwungenes und individuelles Teamgefühl kultivieren kann.
- Sorgen Sie für ein Klima, in dem abweichende Gedanken erlaubt sind und Kritik sowie das Eingeständnis von Fehlern als Chance für Weiterentwicklung begriffen werden.
- Unterstützen Sie die Mitarbeiter darin, ihre spezifischen Stärken zu erkennen, und bestärken Sie den Geist der gegenseitigen Toleranz unterschiedlicher Kompetenzen.

Verbesserungsvorschläge zum Faktor Arbeitsaufgabe:

- Die Verteilung eindeutiger Verantwortlichkeiten erleichtert es, Gespräche zur Zielerreichung zu führen. Schon deshalb ist es von Vorteil, Zuständigkeiten zu regeln.
- Führen Sie Besprechungen so, dass am Ende Ergebnisse festgehalten werden. Durch den Einsatz von Visualisierungstechniken fällt es leichter, zielorientiert zu arbeiten.
- Thematisieren Sie Konflikte früh und gehen Sie sie rasch und konstruktiv an. Tipps dazu werden später in diesem Buch besprochen. Bedenken Sie, dass die Tabuisierung von Konflikten auf den Teamleiter zurückfällt.
- Sorgen Sie dafür, dass die einzelnen Personen entsprechend ihrer Qualifikation eingesetzt werden und die Qualifikationen den Aufgaben angepasst werden. Nur so ist eine optimale Leistung zu erzielen.

Verbesserungsvorschläge zum Faktor Einzelperson:

- Bedenken Sie, dass abweichende Meinungen das Spektrum der Ideen erhöhen. Ermutigen Sie, Dinge in Frage zu stellen. Die Forderung nach bedingungslosem Gehorsam wird kreative und innovative Geister schnell vertreiben.

- Die Förderung des Teamdenkens darf nicht blockieren, dass der Einzelne sich zu gegebener Zeit und aus gutem Grund entziehen kann und eigene Freiräume hat. Wer Individualität ausschalten will, der schafft Konformismus.
- Achten Sie darauf, dass Personen entsprechend ihren persönlichen Anlagen gefördert und gefordert werden. Kein Training macht aus einem leidenschaftlichen Techniker einen Verkäufer.

Verbesserungsvorschläge zum Faktor Umfeld:

- Ihr Team ist Teil des Organisationssystems. Machen Sie bekannt, welchen wichtigen Beitrag es leistet.
- Schaffen Sie Kontakte innerhalb und außerhalb der Organisation, um zahlreiche Informationsquellen zu haben, aus denen Sie Ihr Team rechtzeitig und umfassend mit Informationen versorgen können.
- Stellen Sie sich vor Ihr Team und sorgen Sie durch die Darstellung der Leistungen nach außen und Ihren erkennbaren Einsatz dafür, dass das Team alle erforderliche Ressourcen erhält, um optimal arbeiten zu können.

2.3 Kompetenzen des Teamleiters

Das Kompetenzrad

Gelingt den meisten Teamleitern der Sprung von einer Tätigkeit mit vornehmlich fachbezogenen Fragestellungen in ihre neue Führungsposition noch aufgrund ihrer Fachkompetenz, stellen sie dann meist rasch fest, dass die erhöhten Anforderungen zur Menschenführung mit fachlicher Expertise kaum zu bewerkstelligen sind. Ein Teamleiter tut gut daran, sein Kompetenzprofil auszubauen. Die Kompetenzen, die sich aus der Veränderung der Rolle ergeben, werden meist in folgende vier Bereiche untergliedert.

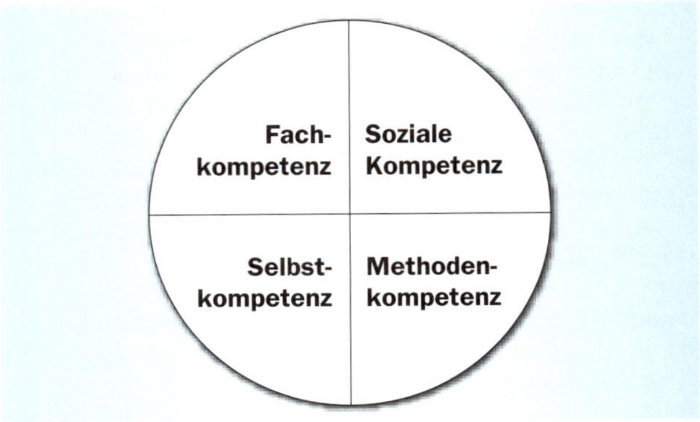

Abbildung: Das Kompetenzrad des Teamleiters

Das Erfordernis neuer Kompetenzen neben der Fachkompetenz ergibt sich notwendigerweise aus neu hinzutretenden Aufgaben, einer Verschiebung von verfügbaren Zeitanteilen für die unterschiedlichen Arbeiten und neuen Ansprechpartnern. Besonders gravierend ist naturgemäß der Übergang von einem rein fachlichen Aufgabengebiet in eine rein führende Funktion. Der Prozess der Ausdifferenzierung des Kompetenzprofils scheint jedoch unabschließbar und Teil der Rolle jeder Führungskraft zu sein.
Die Bedeutung der vier Kompetenzbereiche ergibt sich nicht nur aus den Anforderungen innerhalb eines Teams. Gerade die Schnittstellenfunktion des Teamleiters macht deutlich, dass die verschiedenen Kompetenzen für eine adäquate Außendarstellung mindestens ebenso wichtig sind.

Fachkompetenz

Fachkompetenz ist in den meisten Unternehmen die Voraussetzung, eine Teamleiterfunktion zu erhalten – leider oft noch immer die einzige. Fachkompetenz verleiht dem Teamleiter eine hohe Glaubwürdigkeit und Achtung innerhalb und außerhalb des Teams. Sie ist wichtig, das steht außer

Frage. Die Erfahrung zeigt außerdem, dass sie meist die entscheidende Quelle der beruflichen Selbstsicherheit ist. Insofern spricht vieles dafür, die Bedeutung der Fachkompetenz des Teamleiters zu achten und zu fördern.
Die Aktualisierung der Fachkompetenz muss Teil der Weiterentwicklung eines Teamleiters sein. Diese Aktualisierung kann aber nicht in der Fortsetzung von Detailkenntnissen liegen, wie sie eine Ebene unter der teamleitenden Tätigkeit benötigt wurde und wird. Vielmehr geht es darum, Fachkompetenzen zu erweitern, die mit der Bewältigung der aktuellen Führungsaufgaben zu tun haben. Dieses Wissen kommt in der Regel aus anderen, angrenzenden Fachbereichen und ist mehr überblicks- als detailorientiert. Fachkompetenz allein darf dennoch nicht die einzige Quelle sein, aus der sich die Kompetenz des Teamleiters speist. Die drei übrigen Kompetenzen des Kompetenzrades sollten parallel auf- und ausgebaut werden. Je früher dies geschieht, desto leichter fällt die Qualifizierung dem Teamleiter und je eher erkennt er selber deren Nutzen. Geschieht dies zu spät, wird die Motivation dazu gering sein.

Methodenkompetenz

Techniken, die die Arbeit mit und in Gruppen effizienter und effektiver machen, kann man zur Methodenkompetenz rechnen. Wer, wenn nicht der Teamleiter sollte diese Techniken zuvorderst beherrschen? Kenntnis der Moderationsmethode, Präsentations- und Visualisierungstechniken sowie eine kompetente Besprechungsorganisation (s. Abschnitt 2.4) machen die Methodenkompetenz des Teamleiters aus. Eine Gruppe zu moderieren verlangt vom Teamleiter einen erkennbaren Rollenwechsel. Er steuert die Gruppe durch einen Arbeitsprozess. Hat er in anderen Führungssituationen die Pflicht, seine eigene Meinung zu vertreten oder gar ein vorab festgelegtes Ergebnis zu vermitteln, ist er in der Rolle des Moderators zur Zurückhaltung aufgefordert. Durch gezieltes Fragen und den Einsatz geeigneter Methoden steuert er die Gruppe zur zielgerichteten und produktiven Arbeit.

Dies setzt ein gutes Gespür für gruppendynamische Prozesse voraus. Die Kenntnis der in Kapitel 3 dargestellten Aspekte des vorliegenden Bandes leistet dazu einen wichtigen Beitrag. Dieses Wissen hilft, besser zu verstehen, wie Entscheidungen in Gruppen zustande kommen. Es hilft darüber hinaus, besser einschätzen zu können, wie und wann man bestimmte Werkzeuge aus dem Methodenrepertoire des Moderators einsetzen kann. Sinn und Zweck dieser Kompetenz ist die bessere Steuerung der Arbeit im Team, die effektivere und effizientere Arbeit.

Arbeitsergebnisse aufzubereiten, sie rhetorisch verständlich und überzeugend zu präsentieren, prägnante Inhalte zu visualisieren, all das sind Bestandteile der Präsentationstechnik. Sie zu beherrschen gewinnt vielleicht insbesondere in der Außendarstellung des Teams ihre prominenteste Bedeutung. Denn dort vertritt der Teamleiter Ergebnisse und Anliegen, die auch seine Mitarbeiter betreffen. Zu Moderation und Präsentation erscheint in der Reihe Pocket Business ein eigener Band, mit dem sich die hier nur angerissenen Aspekte vertiefen lassen.

Soziale Kompetenz

Merkmale einer hohen Sozialkompetenz sind

- Kommunikationsfähigkeit,
- die Fähigkeit, soziale Situationen zwischen Personen treffend einschätzen zu können,
- die Perspektive des anderen einnehmen zu können und
- sich selbstsicher in unterschiedlichen sozialen Kontexten zu bewegen.

Die Kommunikationsfähigkeit des Teamleiters nimmt hier eine herausgehobene Stellung ein. Sie bringt zum Ausdruck, wie sensibel er die sprachlichen und nichtsprachlichen Signale seiner Umgebung wahrnimmt und verarbeitet, um seine Botschaften effektiv und adressatengerecht zu senden.

Die Fähigkeit, unterschiedliche Mitarbeitertypen zu integrieren, die Balance des Teamdreiecks und die notwendige Diplomatie bei der Konfliktbearbeitung setzen soziale Kom-

petenz voraus. Aber auch im Umgang mit Kolleginnen und Kollegen auf gleicher Ebene, Kunden und eigenen Vorgesetzten ist sie unverzichtbar. Es ist sicher nachvollziehbar, dass ein Teamleiter mit hoher Sozialkompetenz viele Konflikte im Umgang mit Kollegen, Vorgesetzten und innerhalb des eigenen Teams überhaupt nicht erleben wird, weil er sie rechtzeitig wahrnehmen und angehen kann.
Der Aufbau sozialer Kompetenzen ist entgegen dem aktuellen Mainstream-Denken erfahrungsgemäß eine langwierige Aufgabe, die nicht ohne die direkte Begegnung, das Rollenspiel und die (Selbst-)Reflexion von Verhaltenswirkungen gelingt. Der wichtigste Eigenbeitrag zur Steigerung der Sozialkompetenz liegt aber wahrscheinlich in der Anerkennung der Eigengesetzlichkeit sozialer Systeme, beispielsweise gegenüber technischen Systemen. Menschen handeln unvernünftig, irrational und unberechenbar.

Selbstkompetenz

Selbstkompetenz lässt sich durch folgende Aspekte kennzeichnen:

- produktiver Umgang mit eigenen Emotionen,
- konstruktive Werthaltungen, Einstellungen und Motive,
- gute und realistische Selbsteinschätzung sowie
- kreativer Einsatz persönlicher Ressourcen.

All diese Aspekte machen eine reife Führungspersönlichkeit aus. Sie sind eine wichtige Voraussetzung dafür, dass es dem Teamleiter gelingt, die in Abschnitt 2.1 angesprochenen Funktionen Sicherheit, Koordination und Vertrauen zu erfüllen. Selbstkompetenz setzt voraus, dass man sich seiner eigenen Grenzen bewusst ist, seine Stärken und Schwächen gleichermaßen akzeptiert und integriert hat. Dies ist ein lebenslanger Prozess und eine ständige Herausforderung.

Die Wichtigkeit aller Kompetenzbereiche

Vielleicht haben Sie beim Lesen den Eindruck, dass die Aufzählung der Kompetenzen nur ein unrealistisches und theoretisches Ideal ist. Allzu viele Beispiele der Organisationspraxis belegen schließlich, dass man auf einzelne Komponenten durchaus verzichten kann, ohne dass mittelfristig gravierende Probleme entstehen. Das lässt sich erklären: Aus der Sicht von Entscheidungsträgern ist in der Regel primär relevant, ob unter dem Strich das Arbeitsziel erreicht wird. Deshalb werden Teamleitern Schwächen nachgesehen, solange dieses Kriterium erfüllt wird. Fast jeder kennt zum Beispiel Vorgesetzte, deren Fachkompetenz so herausragend ist, dass man in Kauf nimmt, dass ihre Kommunikationskompetenz oder Selbstkompetenz miserabel ist. Daraus resultierende Spannungen im Arbeitsteam nehmen Vorgesetzte der Teamleiter in Kauf, solange die Ergebnisbilanz aufgeht. Und wenn schließlich die Fachkompetenz herausragend ist, dann nötigt dies Ansehen ab, das über andere Kompetenzschwächen hinwegsehen lässt. Man könnte auch für jeden anderen Bereich Beispiele nennen, in denen das Kompetenzrad – bildhaft beschrieben – eine oder mehrere „Dellen" hat. Die Realität zeigt also, dass das den Wagen nicht unbedingt in den Graben zieht. Aber bleiben wir im Bild: Ein gut gewuchtetes Kompetenzrad wird runder laufen und den Wagen sicherer, konfliktfreier und oft schneller ins Ziel führen.

2.4 Besprechungen leiten

Vier Faktoren guter Besprechungen

In jedem Team sind Besprechungen üblich und auch notwendig, um den effektiven Informationsaustausch untereinander zu fördern. Die Art und Weise, in der Besprechungen im Team ablaufen, ist insofern aufschlussreich, als dort in komprimierter Weise die wesentlichen Prozesse, die auch außerhalb in der Zusammenarbeit ablaufen, widergespiegelt werden. Denken Sie in diesem Sinne einmal über Ihre Besprechungen nach.

Es erscheint mir sinnvoll, vier Faktoren zu unterscheiden, die die Besprechungsqualität ausmachen. Es sind

1. die Kommunikation und der soziale Umgang miteinander,
2. der Aufgabenbezug während der Besprechung,
3. die Art und Weise, wie die Besprechung geleitet wird, und
4. der Einsatz professioneller Methoden der Besprechungsgestaltung.

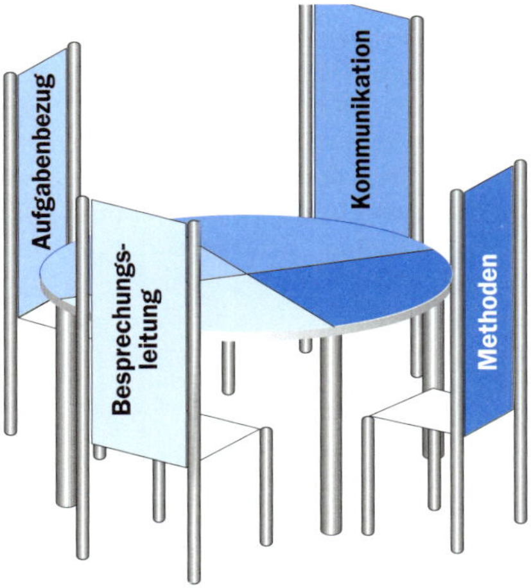

Abbildung: Faktoren einer guten Besprechungskultur

Die Kultivierung effektiver Besprechungen stellt wesentliche Weichen für die Zusammenarbeit.

Das bezieht sich nicht nur auf die sogenannten weichen Faktoren der Zusammenarbeit (Klima, Kommunikation, Wir-Gefühl), sondern insbesondere auf die messbaren Arbeitsergebnisse, die Ihr Team produziert.

In den folgenden Abschnitten haben Sie anhand von kommentierten Fragebögen die Chance, Ihre eigene Besprechungskultur hinsichtlich der vier vorgeschlagenen Faktoren

zu überprüfen. Sie werden feststellen, ob und bei welchem Faktor Sie aktiv werden sollten, um bessere Ergebnisse in Ihrem Team zu erhalten als bisher.
Die Durchführung und Auswertung erfolgt nach Verfahren, die Sie schon von den im Abschnitt 1.4 enthaltenen Fragebögen her kennen.

Überprüfen Sie Ihre Besprechungen!

1. **Diagnose:**
   Geben Sie bei den einzelnen Aussagen in den umseitig folgenden Fragen jeweils den Grad Ihrer Zustimmung an. Vergeben Sie eine 0, wenn Sie der Aussage überhaupt nicht zustimmen, eine 1 für eine schwache Zustimmung, eine 2 für mittlere Zustimmung und eine 3 für starke Zustimmung.
2. **Auswertung:**
   Addieren Sie die Punkte, die Sie für diesen Faktor insgesamt vergeben haben, und lesen Sie, in welchem Bereich Ihr Team sich befindet.
3. **Das jeweilige Fazit:**
   Die Auswertung gibt Ihnen Hinweise, ob und wo Sie handeln sollten.
   Akut: Es brennt! Egal bei welchem der angesprochenen Themen Sie beginnen: Tun Sie es noch vor der nächsten Mittagspause!
   Kritisch: Gefahr im Verzug! Gehen Sie die in den Aussagen angesprochenen Themen mit der geringsten Punktzahl umgehend an.
   Chance: Kein Grund zur Panik, aber es wird Zeit, etwas zu tun, und Sie wissen auch wo: bei den Aussagen mit der geringsten Punktzahl.
   Gut: Bei diesem Faktor läuft es. Sie können sich an den Feinschliff machen, wenn Sie eine Spitzenleistung wollen.
   Sehr gut: Grund zum Jubeln. Beglückwünschen Sie sich und belohnen Sie Ihr Team.

Sozialer Umgang und Kommunikationskultur in Besprechungen

In unseren Besprechungen herrscht eine angemessene Offenheit. Auch Gegenpositionen und abweichende Meinungen werden geäußert.
Inhaltliche Auseinandersetzungen laufen konstruktiv ab. Hart in der Sache, aber nicht beleidigend, sondern akzeptierend im Umgang.
In der Regel hat jeder die Chance auszusprechen. Unterbrechungen oder Killerphrasen sind nicht üblich, sondern eher die Ausnahme.
Die Besprechungen sind eher dialog- als monologorientiert. Das bedeutet, es wird oft nachgefragt und auf Beiträge eingegangen.
Die Redeanteile der einzelnen Teilnehmer sind gut verteilt. Die Dialoge begrenzen sich nicht nur auf einige wenige Personen.
Unter den gegebenen Bedingungen macht die Gruppe das Beste daraus, eine gute Besprechungsumgebung zu schaffen.

<table>
<tr><td>1</td><td>2</td><td>3</td><td>4</td><td>5</td><td>6</td><td>7</td><td>8</td><td>9</td><td>10</td><td>11</td><td>12</td><td>13</td><td>14</td><td>15</td><td>16</td><td>17</td><td>18</td></tr>
<tr><td colspan="4">Akut</td><td colspan="4">Kritisch</td><td colspan="4">Chance</td><td colspan="3">Gut</td><td colspan="3">Sehr gut</td></tr>
</table>

Tipps für den/die Teamleiter/in:

Wenn Ihr Ergebnis in diesem Faktor nicht zufrieden stellend ist, sollten Sie kritisch prüfen, inwieweit Ihr eigenes Kommunikationsverhalten zu diesem Ergebnis beiträgt und/oder ob einzelne Mitarbeiter die Ursache sind. Fehlende Kommunikationskompetenz können Sie im persönlichen Coaching oder einem gezielten Besprechungs-Training aufbauen. Ist das Ergebnis ein Symptom für tiefer liegende Konflikte, dann nutzen Sie die Anregungen aus dem Konfliktteil dieses Buches.

Aufgabenbezug während der Besprechung

Vor der Besprechung werden Tagesordnungspunkte festgelegt, die im Allgemeinen auch eingehalten werden.	
Es wird an relevanten Themen gearbeitet. Man hat nicht den Eindruck, Zeit abzusitzen oder nutzlos zu vergeuden.	
Entscheidungen, die bereits getroffen wurden, und Themen, die abgeschlossen wurden, werden nicht später erneut aufgegriffen und anders behandelt.	
Ergebnisse werden festgehalten, Aktionspläne entwickelt und mit Verantwortlichkeiten und Terminen versehen.	
Es gibt inhaltliche Rückbezüge, bei denen verfolgt wird, wie sich Dinge entwickelt haben, nachgehakt wird und so Entwicklung sichtbar wird. Auch kommen die Teilnehmer vorbereitet in die Sitzungen.	
Besprechungen finden statt, wenn es etwas zu besprechen gibt. Es kann durchaus vorkommen, dass ein Termin gekürzt oder verschoben wird, wenn weniger als erwartet ansteht.	

1	2	3	4	5	6	7	8	9	10	11	12	13	14	15	16	17	18
Akut				**Kritisch**				**Chance**				**Gut**			**Sehr gut**		

Tipps für den/die Teamleiter/in:

Wenn Ihr Ergebnis in diesem Faktor nicht zufrieden stellend ist, sollten Sie Ihre Besprechungen aufgabenorientierter angehen und auch die Teammitglieder dazu motivieren, vorbereitet zu sein sowie zielorientierter und konzentrierter zu arbeiten.
Führen Sie die Besprechungen nur durch, wenn es wirklich etwas zu bearbeiten gibt.

Führungsfunktion in der Besprechung

Der Teamleiter kontrolliert die Ergebnisse, indem nachgefragt und nachgehakt wird. Er lobt und tadelt offen, wenn dazu Anlass besteht.	
Der Teamleiter strukturiert die Diskussion und steuert in diesem Sinne dagegen, wenn die Gruppe sich in Nebensächlichkeiten verliert.	
Der Teamleiter passt seine Rolle den Stärken und Schwächen der Teamkonstellation an, indem er die erforderliche Rolle übernimmt.	
Der Teamleiter sorgt für Akzeptanz der Teammitglieder untereinander und vermittelt bei hitzigen Wortgefechten.	
Der Teamleiter spricht Konflikte offen und lösungsorientiert an. Er meidet das konfliktträchtige Thema nicht, sondern stellt sich.	
Der Teamleiter nutzt die Teambühne nicht zur Selbstdarstellung, sondern bringt sich mit seinen Redebeiträgen sinnvoll und angemessen ein.	

1	2	3	4	5	6	7	8	9	10	11	12	13	14	15	16	17	18
Akut				**Kritisch**				**Chance**				**Gut**			**Sehr gut**		

Tipps für den/die Teamleiter/in:

Wenn Ihr Ergebnis in diesem Faktor nicht zufriedenstellend ist, sollten Sie im ersten Schritt mit sich selbst in Klausur gehen. Sie müssen sich selbst erkennbarer geben und Struktur konsequenter vorgeben. Im zweiten Schritt kann (und sollte) man sich strukturierte Besprechungsführung systematisch aneignen, was möglicherweise am besten durch Teilnahme an einem entsprechenden Seminar erfolgt.

Methodennutzung in Besprechungen

Das Vorgehen bei der Arbeit an neuen Problemstellungen folgt dem Ablauf Problemdefinition, Entwicklung von Lösungsalternativen, Auswahl der Alternativen, Planung des Vorgehens, Planung der Kontrolle.	
Es gibt so etwas wie Regeln der Kommunikation während der Besprechung, an die sich alle halten. (Sie können abgesprochen sein oder unausgesprochen in bewährter Tradition gelten.)	
Ergebnisse und Zwischenergebnisse werden visualisiert. Es gibt ein Protokoll, in dem wichtige Dinge festgehalten werden.	
In den Besprechungen werden Medien wie Flipchart, Pinnwand, Folie und Beamer unterstützend genutzt bzw. eingesetzt.	
Es findet periodisch so etwas wie eine Reflexion der Zusammenarbeit statt. Man spricht darüber, wie das Besprechungsverhalten optimiert werden kann.	
Es kommen Methoden zum Einsatz wie Maßnahmenpläne, Ursache-Wirkungs-Diagramme, Vier-Felder-Schema, Kreativitätstechniken etc.	

1	2	3	4	5	6	7	8	9	10	11	12	13	14	15	16	17	18
Akut				**Kritisch**				**Chance**				**Gut**			**Sehr gut**		

Tipps für den/die Teamleiter/in:

Wenn Ihr Ergebnis in diesem Faktor nicht zufrieden stellend ist, dann hängt es damit zusammen, dass zu wenig professionelle Werkzeuge der Arbeit in und mit Gruppen zum Einsatz kommen. Präsentationstrainings, Moderationstrainings und Kreativitätstrainings sind Themen, mit denen Sie die Teamleistung optimieren können.

2.5 Methoden zur Verbesserung Ihrer Besprechungen

Es gibt einige Werkzeuge, mit denen Sie Ihre Besprechungen effektiver machen können. Hier werden vier Werkzeuge vorgestellt, die sich auf die unterschiedlichen Bereiche beziehen, die in Abschnitt 2.4 angesprochen wurden.

Verbesserung der Kommunikation

Vielleicht stellen Sie fest, dass die Kommunikation in Ihren regelmäßigen Besprechungen nicht optimal funktioniert: Teilnehmer halten ständig Monologe, geben voreilig Bewertungen ab, anstatt die Meinung der Gesprächspartner erst einmal anzuhören, oder Sprechende werden häufig unterbrochen. Kennen Sie diese Symptome, dann gilt:
Allgemeingültige Gesprächsregeln zu vereinbaren, verbessert das Kommunikationsklima.
Sie können die Gesprächsregeln in einer Sitzung gemeinsam mit den Besprechungsteilnehmern vereinbaren, damit sie von allen getragen werden. Hier einige Anregungen:

- Einander ausreden lassen
- Auf Nebengespräche verzichten
- Einander zuhören und aufeinander eingehen
- Unbehagen und Widersprüche offen ansprechen
- In „Ich"-Form sprechen
- Sich kurz fassen – keine Monologe!
- Beim Thema bleiben
- Andere Meinungen zulassen und respektieren

Aufgabenbezug verbessern

In vielen Besprechungen werden zwar Vereinbarungen über das weitere Vorgehen getroffen, aber es bleibt bei der mündlichen Absprache, weshalb sie dann oftmals als nicht verbindlich erscheinen. Bleibt die schriftliche Fixierung von Vereinbarungen aus, dann steigt die Wahrscheinlichkeit, dass verschiedene Auffassungen entstehen, wer, was, wie und wann zu erledigen hat. Das geschieht auch leicht, wenn im Laufe einer Besprechung mehrere Tagesordnungspunkte besprochen werden, ohne nach jedem Punkt die Ergebnisse knapp zu benennen und sich zu vergewissern, dass sie von allen Beteiligten so verstanden wurden und getragen werden.

Es ist deshalb sehr empfehlenswert, niederzuschreiben, was vereinbart wird, um so die Verbindlichkeit zu erhöhen und die Grundlage für eine Erfolgskontrolle der Arbeit zu ermöglichen. Nutzen Sie nicht nur das Protokoll, sondern die plakative Einprägsamkeit des Flipcharts, das auch als stummer Mahner in Folgesitzungen wirken kann. Ein Maßnahmenplan, ähnlich dem hier als Beispiel abgedruckten, kann Ihnen als Anregung dienen. Im Übrigen können Sie das Flipchart auch zur Visualisierung und Dokumentation der Diskussionsregeln nutzen.

Maßnahmenplan

Was?	Wer?	Mit wem?	Ab wann?	Bis wann?	Sonstiges

Führungsauftrag klären

In vielen Besprechungen ist der Vorsitz ungeklärt, insbesondere dann, wenn sich Mitarbeiter gleicher Hierarchieebene treffen. Das führt dann oft zu der Unklarheit, ob man jemanden wegen eines störenden Verhaltens (z.B. Monologisieren) ansprechen darf, und paralysiert alle, wegen der Unklarheit, ob dies erlaubt ist. Eine Erleichterung bietet es, die Rolle des Moderators (rotierend) zu verleihen und mit bestimmten Rechten bzw. Pflichten zu versehen. Dem Moderator ist es dann erlaubt, steuernd ins Besprechungsgeschehen einzugreifen und z.B. auf die Einhaltung der Diskussionsregeln zu verweisen. Erarbeiten Sie in Ihrer Besprechungsrunde Sonderregeln, die für den Moderator der Besprechung gelten und an die sich die übrigen Teilnehmer halten. Nachfolgend ein Beispiel:

Aufgaben des Besprechungsleiters

- Ist für Einladung und Organisation verantwortlich.
- Bestimmt den Protokollführer.
- Darf unterbrechen, wenn es die Situation erfordert.
- Achtet auf Einhaltung eines sachorientierten Diskussionsstils.
- Achtet auf die Einhaltung der Tagesordnung.
- Darf und soll steuernd eingreifen, wenn die Diskussion ineffektiv wird.
- Spricht erkennbare Störungen offen an.
- Unterbindet Nebengespräche.
- Kann sich aus der inhaltlichen Diskussion zurückhalten, um die Steuerungsaufgaben wahrzunehmen.

Methoden der Prozessoptimierung

Wenn Besprechungsteilnehmer sehr inhalts- und zielorientiert arbeiten, dann wird der Ablauf der Besprechungen nach einiger Zeit schnell zur Routine, d.h., Besprechungen werden oberflächlich, eigentlich notwendige Diskussionen bleiben aus, Langeweile tritt an die Stelle von Kreativität. Der Effekt ist umso stärker, je stabiler die Bedingungen sind (Ort, Teilnehmer, Themen). Am Ende von Besprechungen bietet es sich periodisch an, eine kurze Erfolgskontrolle durchzuführen, die alle Beteiligten dazu auffordert, Stellung zu beziehen, wie zufrieden man ist und was man verbessern könnte. Nutzen Sie dazu eine der bei Moderationen üblichen Methoden, bitten Sie zum Beispiel alle Teilnehmer zum Abschluss, sich in einem Raster wie dem folgenden (auf Flipchart vorbereiten) selbst mit einem Klebepunkt zu positionieren. Fällt das Ergebnis kritisch aus, dann gibt es Anlass, die Zusammenarbeit zu thematisieren.

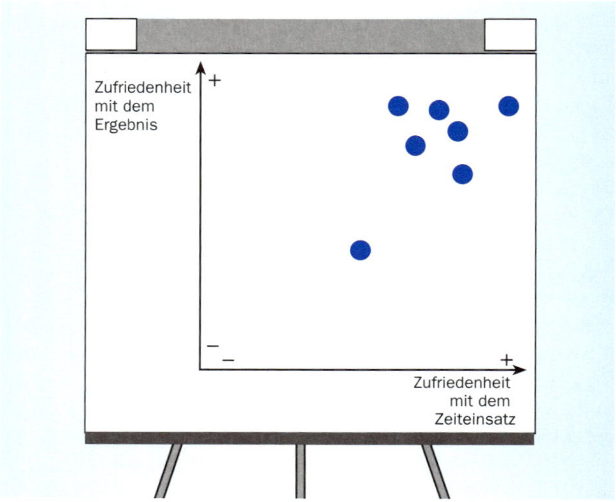

2.6 Die Zukunftswerkstatt

Eine Sonderform unter den Besprechungen zur Entwicklung innovativer Lösungen für Probleme stellt die Zukunftswerkstatt dar. Als Alternative zur konventionellen Besprechung wird sie als Workshop organisiert (mindestens ein Tag). Die Teilnehmer müssen bereit sein, sich auf kreative und strukturierte Weise der Lösung zu widmen. Dann ist die Zukunftswerkstatt gut geeignet, die kreativen Potenziale einer Gruppe zu kanalisieren und auszuschöpfen.

Das Ablaufschema der Zukunftswerkstatt

Vorbereitung

Zu klären sind Dauer, Ort (störungsfrei, Möglichkeit zur Gruppenarbeit) und ob ein interner oder externer Moderator verpflichtet werden soll. Die Zukunftswerkstatt braucht ausreichend Moderationsmaterial. Die Gruppengröße sollte nicht unter 9 oder 10 Teilnehmern liegen. Die Teilnehmer werden auf die Idee des Workshops und der Methode vorbereitet. Eine Zukunftswerksatt lebt von der Arbeitsfreude und Kreativität der Teilnehmer. Da im Unternehmen das Tagesgeschäft oft unterbrechend wirkt, bietet sich eine externe Durchführung an.

Durchführung in drei Arbeitsphasen

1. Kritikphase – Einstieg anhand der Fragestellung (die Phase der Kontrolleure)

- Vorgehen und Phasen erläutern,
- Kritik an bisheriger Lösung/Situation in Kleingruppen sammeln und sinnvoll zusammenfassen,
- Ergebnisse im Plenum vorstellen,
- Zusammenfassen und sortieren.

In dieser Phase sollen alle Kritikpunkte, Verstimmungen und Beschwerden geäußert werden. Der Moderator sammelt und strukturiert diese, um sie der späteren Bearbeitung zugänglich zu machen. Die Teilnehmer sollen den Kopf freimachen.

2. Kreativphase – neue Lösungen entwickeln (die Phase der Kreativen)

- Vorbereitendes zu Kreativhemmern: Beurteilen, Besserwissen, Perfektionismus, Starrheit, Realismus
- Kreativität stimulieren: Fehler erlauben, Spinnen, Fantasie, Interesse und Offenheit, Ausprobieren
- Spiele und Übungen, um die Kreativität zu stimulieren
- Kleingruppenarbeit, Präsentation, Diskussion im Plenum
- Ansatzpunkte identifizieren

In dieser Phase sollen neue Ideen generiert werden, die Kreativität muss stimuliert werden. Wichtig sind passende Rahmenbedingungen. Kritische Kommentare sowie vorschnelle Urteile sind zu unterbinden. Ziel ist es, viele neue und teilweise unreife Ideen erst einmal gedeihen zu lassen.

3. Umsetzungsphase – Auswahl ansprechender Ansätze (die Phase der Macher)

- Besprechen der Transferproblematik
- Bearbeitung der Lösungsansätze in Kleingruppen
- Erstellen von Umsetzungsplänen
- Vorstellung und Diskussion im Plenum

Jetzt sollten die realistischen Lösungsideen zu konkreten Maßnahmenplänen weiterverarbeitet werden. Wichtig ist, die Bedeutung der Ideenmasse der Fantasiephase zu würdigen, sie ist Voraussetzung für die Auswahl brauchbarer Lösungen.

Arbeitsvoraussetzungen

Ein Workshop, bei dem die Zukunftswerkstatt durchgeführt wird, kann nur erfolgreich verlaufen, wenn einige Grundsätze gelten und von allen Teilnehmern beachtet werden:

- eine angstfreie und offene Arbeitsatmosphäre,
- Offenheit für neue Ideen und Impulse,
- Interesse an einer gemeinsamen Zusammenarbeit,
- hierarchiefreies Denken und Zusammenarbeiten und
- Moderationserfahrung beim Leiter/der Leiterin der Werkstatt.

Auf den Punkt gebracht:

Für Ihre erfolgreiche Teamführung sind fünf Aspekte herausragend

- Die Koordinationsleistung des Teamleiters und seine Fähigkeit, ein Klima von Vertrauen und Sicherheit zu etablieren, sind die wichtigsten Voraussetzungen, um ein Team maximal auf die Aufgabenerfüllung zu fokussieren.
- Der Teamleiter/die Teamleiterin leitet das Team nicht nur nach innen. Er/sie vertritt es auch nach außen und trägt die Verantwortung, dass das Team die notwendigen Ressourcen erhält und angemessene Wertschätzung in der Organisation erfährt.
- Die Gesamtaufgabe der Teamleitung besteht zusammenfassend darin, die Faktoren des Teamdreiecks (Einzelperson, Team, Arbeitsaufgabe, Umfeld) im Blick zu halten, ihre Gewichtung situativ zu verändern und auf diese Weise die Teambalance zu halten.
- Fachkompetenz ist für Teamleiter/innen unverzichtbares Qualifikationsmerkmal. Sie wird aber vielerorts noch immer alleinig vorausgesetzt und darüber wird die ebenfalls unabdingbare Methoden-, Sozial- und Selbstkompetenz vernachlässigt. Methoden-, Sozial- und Selbstkompetenz sind aber unverzichtbar, um Konflikte im Team zu vermeiden, und insbesondere, um sie als verantwortlicher Teamleiter zu bearbeiten.
- Besprechungen spielen eine große Rolle bei der Teamführung. Die gezielte Beeinflussung der Besprechungsführung, des Kommunikationsklimas, des Methodeneinsatzes und des Aufgabenbezuges erhöht die Effektivität des Teams über die Besprechungen hinaus.

3 Teamprozesse verstehen

Das Wesentliche zur Gruppendynamik

3.1 Phasen der Teamentwicklung

Das Modell der Teamphasen

Die empirische Forschung hat eine Reihe von Gruppenprozessen untersucht und beschrieben, aus denen sich praktische Hinweise für die Leitung von Teams ergeben. Ein Blick auf die Ergebnisse sozialpsychologischer Forschung und auf die Erkenntnisse der gruppendynamischen Praxis sensibilisiert für Prozesse, die in Teams teilweise mit erschreckender Regelhaftigkeit Wirkungen entfalten. Teamleiter können dieses Wissen zum Wohl des Teams und zur verantwortungsvollen Steuerung der Gruppenprozesse nutzen. In jedem Fall verschafft es mehr Gelassenheit, wenn manche Ereignisse im Team eintreten und man nicht mehr von ihnen überrascht wird.

Was passiert in einer Gruppe von Menschen, die sich am Arbeitsplatz zusammenfindet? Verschiedene Persönlichkeiten kommen an einem gemeinsamen Ort zusammen, arbeiten miteinander, treten in Kontakt miteinander, erleben eine gemeinsame Zeit und entwickeln über die Zeit so etwas wie eine gemeinsame Geschichte. Die Formen, in denen alles Verhalten sich vollzieht, unterliegen der ständigen Veränderung: Man begegnet sich heute anders als vor einigen Jahren und auch dort war die Begegnung anders als beim ersten Zusammentreffen. Das Team entwickelt sich. Phasen der Teamentwicklung scheinen nicht beliebig zu sein, sondern Erfahrungen aus systematischen Beobachtungen zeigen, dass einige typische Entwicklungsphasen von Gruppen allgemeinen Charakter haben. Es gibt eine Reihe unterschiedlicher Modelle, wie Gruppen sich über die Zeit entwickeln.

Das folgende, sehr populäre Modell ist, wie die meisten anderen auch, aus Erfahrungen mit Selbsterfahrungsgruppen hervorgegangen. Es scheint mir wichtig, sich klar zu machen, dass die Bedingungen, unter denen diese Art von Gruppe entsteht, ihre Zusammensetzung, ihr Existenzzweck und ihr Arbeitsziel sich markant von Teams im Unternehmen unterscheiden. Da das Modell ein Klassiker der Gruppenpsychologie ist, sollten Sie es kennen. Wichtiger als dieser Grund ist jedoch, dass Phasenmodelle einen völlig anderen Blick auf Teams werfen, als dies alle bisher gewählten und vorgestellten Zugänge getan haben: Sie fokussieren den Blick auf Veränderungen in der Gruppe, die sich über die Zeit hinweg ergeben. Es wird angenommen, dass Gruppen sich unter bestimmten Bedingungen durch bestimmte Phasen hindurchbewegen. Für einen Teamleiter stellen die Erfahrungen, die in solchen Phasenmodellen komprimiert sind, also ein Reflexionswissen dar, um die eigene Gruppe zu analysieren. Eine wichtige Erfahrung wirkt dabei meist erleichternd, nämlich, dass viele Prozesse, die man in seinem Team erlebt, sehr gewöhnlich, sehr vergleichbar und vielfach vorhersehbar ablaufen.

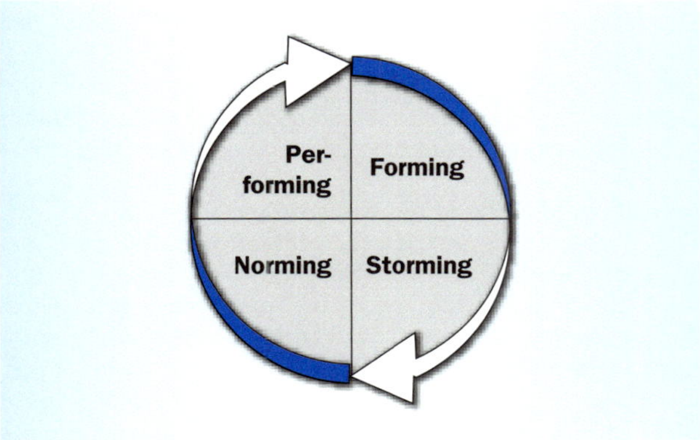

Phasen der Teamentwicklung nach Tuckman

Das Phasenmodell von Tuckman geht von der Annahme aus, dass die einzelnen Phasen nicht zwangsläufig alle durchschritten werden, sondern dass unterschiedliche Gruppen sich mehr oder minder lange in einzelnen Phasen aufhalten können und auch in einer bestimmten Phase stocken können.

Forming – die Phase der Findung

Zu Beginn jeder neuen Gruppe besteht eine große Unsicherheit und Unklarheit der einzelnen Personen bezüglich der eigenen Stellung im Beziehungsnetz aller Personen. Persönliche Vorlieben und Eigenarten werden verständlicherweise zu völlig verschiedenen Strategien führen, wie jeder die Antwort zu der Frage klärt, in welcher Beziehung er zu der Gruppe steht.
Zum Erhalt der eigenen Sicherheit wird man noch nicht zu viel von sich preisgeben. Zum Aufbau von weiterer Sicherheit entsteht bald ein reger Austausch, in dem Werte, Meinungen, Erfahrungen, Wünsche usw. untereinander verglichen und erste Rollenansprüche innerhalb des Teams schemenhaft erkennbar werden. Es geht dem Einzelnen darum herauszufinden, welches Verhalten akzeptiert ist.
Die anfängliche Freundlichkeit und Zugänglichkeit ist dabei zweckgebunden, wirkt oberflächlich und ist noch brüchig. Für Individualität und tiefe Gefühle ist noch kein Raum. Gelingt es, größere Tiefe zu erzeugen, wechselt die anfängliche Zurückhaltung der Mitglieder zu größerer Offenheit.

Storming – die Phase der Grenzziehung

Die Hinbewegung auf die Teammitglieder und der Austausch führen bei den Teammitgliedern zu einer Klärung, wo Nähe angenehm ist und wo Distanz gewünscht wird. Netzwerke und Einflusssphären bilden sich aus, die Interaktionen sind nicht mehr gleich verteilt, sondern ausgewählter und zielgerichteter. Die Zurückhaltung weicht dem Impuls, die eigene Machtstellung in der Gruppe zu erproben und der Individualität Raum zu geben.

Das Team gewinnt Profil: Einzelne treten heraus, andere in den Hintergrund. Der Teamleiter wird genau beobachtet und bewertet.

Sicherheit, Vertrauen werden durch ihn vorgelebt und geprägt. Ist er in der Lage, das Team zu führen? Wie gelingt ihm die Koordination der Prozesse und Einzelinteressen? Wie wird Kontrolle wahrgenommen und wie weit können die eigenen Grenzen gezogen werden?

Norming – die Phase der Kooperation

Wenn das Team durch die Phase der Grenzziehung gegangen ist, kann es sich auf die Aufgabe konzentrieren. Der Beitrag aller Mitglieder ist dazu erforderlich, aber auch Gegenstand der gemeinsamen Diskussion, um die Leistungsgrenzen des Teams kennen zu lernen und auszuloten. Idealerweise bildet sich in dieser Phase der gegenseitige Respekt und das Zugehörigkeitsgefühl im Austausch und konstruktiven Dialog heraus. Erkennbar werden sprachliche und rituelle Eigenheiten, in denen das Team seinen individuellen Charakter ausbildet. Harmonie steht im Vordergrund. In dieser Phase formen sich die Lösungsstrategien und internen Regeln des Teams aus.

Performing – die Phase des Handelns

Geschlossenheit und gegenseitiger Kontakt sind die Kennzeichen in dieser Phase der Teamentwicklung. Verglichen mit der ersten Phase ist der Umgang untereinander hier zwanglos und natürlich. Man achtet den Beitrag der anderen und genießt das Aufgehobensein in der Gruppe. Dies drückt sich auch im Einsatz füreinander aus und in der Bereitschaft, im Zweifelsfall selbst Einschränkungen hinzunehmen, sofern das Gesamtteam davon profitiert.

Die Gefahr in dieser Phase liegt darin, dass das Team sich zu sehr nach innen abschließt. Die Aufgabe besteht darin, sich im Organisationsgefüge zu vernetzen.

Übung

Positionieren Sie Ihre Gruppe mithilfe der Beschreibung in dem Modell der Teamphasen.

Tipp

Sie können das Modell der Teamphasen auch in einem internen Workshop nutzen, indem Sie

1. die einzelnen Teammitglieder auffordern, individuell eine Positionsbestimmung durchzuführen,
2. anschließend das Gruppenbild veröffentlichen und
3. gemeinsam erarbeiten, mit welchen Maßnahmen die Entwicklung in die folgende Phase konkret verwirklicht werden kann.

Ableitungen aus dem Phasenmodell der Teamentwicklung

- Der Weg von der Gruppe zum Team führt in jedem Fall durch unterschiedliche Phasen. Auch neu zusammengestellte Teams aus erfahrenen Mitarbeitern erleben diese Phasen.
- Eine Veränderung der Teamstruktur hat zur Folge, dass der bisherige Entwicklungsstand des Teams wieder in Frage gestellt ist und alle Phasen der Teamentwicklung erneut – und wahrscheinlich anders – durchlaufen werden.
- Teams entwickeln sich unterschiedlich. Es ist durchaus möglich, dass ein Team auf der Stufe des Storming oder Norming verharrt. Dann ist es wichtig, daran zu arbeiten, wie der nächste Schritt vollzogen werden kann.
- Die Entwicklung in der vorangehenden Phase beeinflusst die Entwicklungsmöglichkeiten in der darauffolgenden Phase. Der effektive Teamleiter wird deshalb den ersten beiden Phasen viel Aufmerksamkeit schenken.

- In der Formierungsphase der Gruppe sind klare Strukturen hilfreich, weil sie Sicherheit geben. Das primäre Interesse der Teammitglieder ist auf die Klärung der Sozialstruktur gerichtet. Bei neuen Projekten kann man dies beachten.
- Der Teamleiter ist von Anfang an Vorbild für die sich entwickelnden Normen des Umgangs. Er ist in dieser Phase weniger Ziel der Aufmerksamkeit als in späteren Phasen, da der Einzelne auch noch wenig über die übrigen Teammitglieder weiß.
- In der Phase der Grenzziehung sind Konfrontation und Konflikte natürlich und deshalb nicht zu vermeiden. Dies bezieht sich sowohl auf den Umgang der Mitarbeiter untereinander als auch auf das Verhältnis zum Teamleiter.
- In der Stormingphase ist es für den Teamleiter wichtig, seine eigenen Grenzen und Ansprüche deutlich zu vertreten. Das gelingt nur, wenn er sich selber bereits damit auseinandergesetzt hat und nicht erst im Team darüber nachdenken muss.
- Zu Beginn des Norming kann der Teamleiter wach dafür sein, welche teamförderlichen Normen sich etablieren, um diese dann gezielt zu verstärken.
- In der Phase der Kooperation spielt die Harmonie eine große Rolle. Die Tendenz, Konflikte zu vermeiden und träge zu werden, steigt. Dies ist eine Herausforderung für den Teamleiter.
- In der Performingphase kann das Team sich sehr gut weiterentwickeln, wenn es für die kritische Selbstreflexion Raum hat.

Trauer, Abschied und das Ende von Gruppen

Andere Phasenmodelle betrachten noch einen weiteren Aspekt der Gruppenentwicklung, der im vorgestellten Modell von Tuckman nicht beachtet wird. Mir scheint es sinnvoll, diesen Aspekt noch zu ergänzen, weil er von großer und heutzutage vielleicht von wachsender Bedeutung ist. Es handelt sich um die Phase oder den Moment der Trennung.

Wann immer ein Mitglied des Teams geht, dann hat dies auch eine Auswirkung auf die verbleibende Gruppe. Je stärker sich das Gruppengefühl ausgebildet hat, desto wichtiger ist dieses Verlust-Ereignis für die Teamgeschichte. In losen Gruppen mit schwachem Gemeinschaftsgefühl und hoher Fluktuation wird die Trauer, die mit jedem Verlust einhergeht, kaum ins Gewicht fallen. Man könnte es auch so wenden, dass man sagt: Unter solchen Kontextbedingungen ist es für die Gruppe und für jeden Einzelnen emotional stabilisierender, wenn er Zu- und Abgänge nicht zu ernst nimmt.
Langjährige Kollegen, einflussreiche Kollegen, markante Charaktere und verlässliche Konstanten lassen ein Vakuum entstehen, wenn sie das Team verlassen. Dies geschieht sowohl im Fall hoher Beliebtheit wie auch im Fall geringer Beliebtheit. Sie sind einfach ein Teil der Teamgeschichte geworden. Deshalb leben sie auch nach ihrem Weggang noch eine Weile in der Teamgeschichte fort. Je präsenter sie im Team waren, desto häufiger wird man bemerken, dass über sie gesprochen wird, dass sie zitiert werden oder dass sie vergleichend herangezogen werden. Als Teamleiter sollte man diese Geschichten registrieren und zulassen. Sie geben oft Hinweise, was die Gruppe geschätzt hat, vielleicht auch, was sie jetzt vermisst.

Teamleiter können berücksichtigen, dass Abschied und Endlichkeit eine Dimension sind, die auch ihr Team betrifft. Rituale des Abschiednehmens von Teammitgliedern sollten nicht zur Routine degenerieren, sondern in ihrer Bedeutung gewürdigt werden. Man kann ein Team nicht zur Höchstleistung bringen und dann beim Abschied eines Mitglieds oder eines Teils des Teams oberflächliche Routine abwickeln, ohne dass dies negative Rückwirkungen auf das Klima und zukünftige Leistungen hat.

Geht ein Projekt und damit das gesamte Team seinem absehbaren Ende entgegen, dann ist auch die Art und Weise, wie Abschied genommen wird, symptomatisch. Eng zusammengewachsene Teams werden sich vor dem Abschiednehmen fürchten, weil die 'gute Zeit' zu Ende geht. Ein ritualisiertes Abschiednehmen rundet eine gelungene Teamgeschichte ab. Man kann Abschied voraussehen, ansprechen und rechtzeitig planen.
Insbesondere der Abschied eines starken, charismatischen Vorgängers des Teamleiters hinterlässt in der Regel ein Vakuum im Team, das der 'Neue' erst füllen muss. Die Anerkennung der Größe des Vorgängers und die Arbeit am eigenen Selbstbewusstsein, an Eigenständigkeit und persönlichem Profil sind dann eine echte Herausforderung, der man höchste Priorität einräumen sollte. Oft geht das nicht ohne fremde Hilfe. Das ist nicht ehrenrührig, sondern die Chance für ein starkes persönliches Wachstum.

3.2 Teamdynamik

Entscheidungsprozesse im Team

Wenn Menschen in einer Gruppe zusammenarbeiten, entfaltet sich eine Sozialdynamik, die Entscheidungsprozesse, Ideenfindung und Kreativität maßgeblich beeinflusst. Ein Bewusstsein für die Eigengesetzlichkeit dieser Dynamik ist wichtig, da sie sich unabhängig von rationalen Kalkulationen und Planungen einer kennzahlorientierten Wirtschaftspraxis entfaltet und dennoch gleichzeitig in Wechselwirkung zu ihr steht. Die Berücksichtigung sozialpsychologischer Erfahrungen hilft, Arbeitsergebnisse gewisser zu erreichen und Arbeitsprozesse im soziologischen Sinn sozialverträglicher zu gestalten. In den folgenden Abschnitten stelle ich einige Tipps vor, die sich aus experimentellen Untersuchungen der Sozialpsychologie ableiten. Sie legen einige Konsequenzen nahe, die Sie in Ihrer Teamführung berücksichtigen können.

Vorsicht bei Gruppendiskussionen

Untersuchungen zum Verhalten in Gruppendiskussionen haben gezeigt, dass die Tendenz besteht, die Position, die man zu Beginn favorisiert, im Laufe der Diskussion zu verstärken. Man wählt also eine extremere Position in der eigenen Richtung nach der Diskussion. Dieser als Polarisierung bezeichnete Effekt gilt nur für Diskussionen, in denen die Gruppenmitglieder ähnliche Auffassungen vertreten.

In anderen Untersuchungen konnte man nachweisen, dass die Bereitschaft, sich bei der eigenen Entscheidung an den Urteilen anderer zu orientieren, steigt, wenn man in Anwesenheit der anderen Personen Entscheidungen trifft. Die Gruppe scheint dann eine Norm auszubilden, die dem Einzelnen als Orientierung dient. Beeindruckend ist, dass ein erheblicher Prozentsatz von Personen selbst dann das eigene Urteil dem der Gruppe anpasst, wenn es offensichtlich falsch ist.

Exkurs: Psychologisches Experiment

In einem als klassisch geltenden Experiment von Asch aus den 1950er-Jahren, das in der psychologischen Fachliteratur vielfach referiert wird, wird gezeigt, wie Einzelpersonen sich Gruppenurteilen beugen, selbst wenn diese falsch sind.

Die Versuchspersonen hatten die Aufgabe, eine Musterlinie mit drei weiteren Linien vergleichen. Sie wurden aufgefordert, zu entscheiden, welche der drei Linien in der Länge der Musterlinie entspricht. In der Einzelsituation gelang ihnen das nahezu fehlerlos. In der eigentlichen Versuchssituation mussten sie ihr Urteil laut und in Anwesenheit von mehreren anderen Versuchpersonen vortragen, nachdem die anderen ihr Urteil kundgetan hatten. Diese Versuchspersonen waren allerdings Komplizen des Versuchsleiters. Nach einigen Durchgängen, in denen die 'falschen' Versuchspersonen korrekt antworteten, gaben sie einheitlich falsche Antworten.

Die Konfrontation mit den Falschurteilen veranlasste zahlreiche Personen dazu, das Eigenurteil dem der 'falschen' Versuchspersonen anzupassen. Die Fehlerrate stieg insgesamt auf 37 % an. Nur 25 % der Versuchspersonen machten überhaupt keinen Fehler, 28 % machten acht und mehr Fehler (von 12 möglichen).

Quelle: Stroebe, Sozialpsychologie

FAZIT

- Werden im Team Entscheidungen getroffen, sollten die Teammitglieder ihre eigene Position vorab festlegen und in der Besprechung dann erst offen darstellen. Dadurch wird ein vorschnelles Gruppendenken vermieden und eine differenzierte und facettenreichere Sicht möglich.
- Der Teamleiter sollte ein Ohr dafür haben, dass bei Teamentscheidungen, bei denen das Team eine ähnliche Grundposition vertritt, der Effekt der Polarisierung nicht zu stark wird.
- Teamentscheidungen sollten auf guten Argumenten fußen und die Diskussionen auf der Basis faktisch belegbarer Argumente ablaufen. In einem guten Team besteht sonst die Gefahr, dass falsche Entscheidungen aufgrund von Konformitätsdruck entstehen.

Gruppenziele sind gut – oder doch nicht?

Hat sich das Team auf ein gemeinsames Ziel eingeschworen, dann bündelt es seine Energie darauf, dieses auch zu erreichen. Ein erstrebenswertes Ziel und ein richtiges Vorgehen! – so könnte man denken. Man kann aber feststellen, dass in Gruppen die Konformität erheblich steigt, wenn eine Belohnung nur bei Erreichen eines gemeinsamen hohen Zieles winkt.

FAZIT

- Eine Aufgabe, die gegenseitige Abhängigkeit zur Zielerreichung belohnt, birgt die Gefahr, dass abweichende Meinungen und neue Ideen zurückgehalten werden oder gar nicht erst in Betracht gezogen werden.
- Kreativität und Reflexionsbereitschaft werden unter der Bedingungskonstellation hoher gegenseitiger Abhängigkeit und hoher Belohnung bei Zielerreichung sinken. Achten Sie als Teamleiter/in bewusst auf Phasen, in denen diese Bedingungskonstellation vorliegt.
- Bei einfachen Aufgaben, die man alleine lösen kann, wirkt Belohnung anders: Sie spornt eher dazu an, präzise zu arbeiten, als sich dem Gruppendruck zu beugen.

Expertenrat verführt

Experimente zeigen, dass unter der Ausgangsbedingung

- komplexe Aufgabe und
- relative Unsicherheit der einzelnen Personen

die Tendenz besteht, zu schnell dem Fremdeinfluss zu unterliegen und seine Meinung anzupassen. Allgemein gilt: Unter der Bedingung hoher Unsicherheit orientieren sich Menschen eher an dem, was andere tun. Hinzu kommt, dass Menschen eher bereit sind, ein Verhalten zu imitieren oder zu „folgen", wenn die Informationsquelle

- kompetent erscheint,
- vertrauenswürdig ist,
- unabhängig ist,
- selbstsicher handelt und Autorität ausstrahlt,
- Macht hat.

Einem so beschriebenen Einfluss folgt man im Übrigen nachhaltiger als einer Einflussnahme, die auf der Ausübung von Druck beruht.

FAZIT

- Als (neuer) Teamleiter in einem schwierigen Projekt erleichtert man sich seine Führungsarbeit erheblich, wenn man gegebenenfalls mit externer Hilfe daran arbeitetet, selbstsicher und vertrauenswürdig aufzutreten.
- Ist ein Team mit seinem Lösungslatein am Ende, kommt meist die Stunde der externen Berater. In dieser Situation sollte man besonders genau die eigenen Entscheidungsprozesse beachten: Beurteilt man den eingekauften Rat auf der Basis der beschriebenen sozialen Prozesse oder auf der Basis einer distanzierten inhaltlich-kritischen Prüfung?

Wie Minderheitspositionen erfolgreich sind

Dass Mehrheiten Konformitätsdruck ausüben, ist wahrscheinlich unmittelbar einsichtig. Wie gelingt es aber Minderheiten, zum Beispiel Störern, Einfluss zu nehmen und Kollegen zu beeinflussen? Die entscheidenden Faktoren, mit denen das gelingt, sind:

- Die Meinung muss plausibel sein.
- Die Meinung muss standhaft und dauerhaft vertreten werden.
- Nachvollziehbare Argumente stärken den Einfluss.
- Ein rigides Diskussionsverhalten schwächt, ein zugängliches Verhalten stärkt die Einflussnahme.

Es zeigt sich, dass Minderheiten sehr wohl Veränderungen bei Mehrheiten bewirken können, dass die Wirkungen aber zeitverzögert wirksam werden.

FAZIT

- ◆ Nur Beharrlichkeit, gutes Argumentationsvermögen und offenes Diskussionsverhalten geben Minderheiten die Möglichkeit zur Einflussnahme. Störer, die dies berücksichtigen, werden das Team spalten.
- ◆ Minderheiten animieren Mehrheiten dazu, ihre eigene Argumentation tiefer auszuloten, differenzierter und aktiver zu prüfen. Zur Absicherung einer Gruppenentscheidung ist dies ein nützlicher Mechanismus.
- ◆ Die beschriebenen Wirkmechanismen kann man als Teamleiter beachten, wenn man die Anliegen des Teams nach außen vertritt und dort aus der Minderheitsposition agiert.

Gleichheit erzeugt Konformitätsdruck

Sympathie oder allgemeiner die Tendenz, zur Gruppe dazugehören zu wollen, erhöht die Bereitschaft, sich der Gruppenmeinung anzupassen. Das Gleiche gilt, wenn man den Eindruck hat, den übrigen Teammitgliedern ähnlich zu sein.

FAZIT

- ◆ Insbesondere stark zusammengeschweißte Teams haben einen hohen Attraktivitätswert für Außenstehende. Gleichzeitig ziehen sie solche Personen an, die sich dem Teamdenken unterordnen. Die Folge: Abweichende Ideen haben keine Chance, die Innovation leidet.
- ◆ Kompetenz alleine sollte bei der Auswahl eines neuen Teammitglieds nicht allein entscheidend sein. Wenn ein ausreichendes Maß an Ähnlichkeit fehlt, dann sinkt die Bereitschaft, dazugehören zu wollen und sich anzupassen.

- Der Wunsch, etwas korrekt zu machen und in den Augen der anderen Personen einen guten Eindruck zu hinterlassen, verstärkt die Neigung, sich der Gruppe anzupassen. Ob sich jemand in ein Team integriert, kann man also anhand dieser beiden Aspekte prüfen.

Selbstsichere Teammitglieder bringen Innovation – aber auch Konflikte.

Personen, die sich selbst als kompetent einschätzen und ein ausgeprägtes Selbstbewusstsein haben, beugen sich schwerer dem Meinungsdruck der Gruppe als Personen mit schwachem Selbstbewusstsein. Das Selbstbewusstsein bildet sich durch erfolgreiche Problembewältigung, Erfahrung und frühere Bestätigung aus. Bei erhöhter Aufgabenkomplexität und Unsicherheit bezüglich der Aufgabenlösung steigt bei beiden Personengruppen die Tendenz, sich der Mehrheitsmeinung oder einer kompetent erscheinenden Meinung anzupassen.

FAZIT

- Die Erfahrung bestätigt, dass die „Aufmüpfigen" zwar oft unbequem sind, aber auch aufgrund ihrer Erfahrung und Kompetenz ein höheres Selbstbewusstsein haben.
- Die Teammitglieder durch bestärkendes Führungsverhalten und herausfordernde Aufgaben zu entwickeln, fördert ihr Selbstbewusstsein und damit ihre Bereitschaft, selbstständiger zu denken und neue Ideen zu vertreten. Manche Führungskraft fürchtet das – verstehen Sie, warum?

Die Attraktivität und Glaubwürdigkeit der Vorbilder

Natürlich sind Belohnung und Bestrafung wichtige Faktoren, wenn es darum geht, das Verhalten zu beeinflussen.
Studien belegen aber, dass der Einfluss dann stabiler ist, wenn jemand sich mit einer Person identifiziert oder ihre Werte internalisiert. Identifikation ist das Bedürfnis, die Meinungen und Werte einer Person zu teilen. Internalisierung geht einen Schritt weiter. Hier verinnerlicht man die Meinung und Werte des Vorbilds. In diesem Fall werden externe Belohnung und Bestrafung unwichtig, das Vorbild

muss nicht einmal anwesend sein. Während Belohnung und Bestrafung auf Zwang basieren, beeinflusst Attraktivität – im weit gefassten Sinne – entscheidend das Ausmaß der Identifikation. Glaubwürdigkeit, die sich aus Expertise und Vertrauenswürdigkeit zusammensetzt, entscheidet, wie stark Internalisierung stattfindet.

FAZIT

- Welche Art von Einfluss übt der Teamleiter aus? Basiert sein Einfluss stärker auf Belohnungs- und Bestrafungsmacht, auf Attraktivität oder auf Glaubwürdigkeit? Wenn es darum geht, Werte des Teams zu beeinflussen, scheint es sich zu lohnen, sich stärker damit zu befassen, wie man Vorbild wird.
- Wie ist die Konstellation des Teams? Welches Teammitglied ist informell ein Rollenvorbild und welche Werte lebt diese Person vor? Welche Phänomene des Teams lassen sich aufgrund dieses Teammitglieds erklären?

Exkurs: Psychologisches Experiment

In einem stark diskutierten Experiment von Milgram wurde geprüft, wie Einzelpersonen sich Autorität gegenüber verhalten.
Die Versuchspersonen sollten die Rolle eines „Versuchsleiters" übernehmen, der einer „Versuchsperson" elektrische Schocks verabreichen musste, wenn dieser falsche Antworten gab. Die Schocks reichten von 15 Volt bis 450 Volt und waren in ihrer Wirkung beschrieben (z.B. „intensiver Schock" bei 240-300 Volt). Mit jedem Fehler musste der Schock erhöht werden. Was die Versuchspersonen, die als „Versuchsleiter" eingeteilt wurden, nicht wussten: Die Schocks waren simuliert und die „Versuchspersonen" waren Komplizen des Experimentators. Sie machten zahlreiche Fehler, sodass die vermeintlichen Stromschläge rasch anstiegen, und sie schrien laut vor Schmerzen. Bei 150 Volt verlangten sie den Abbruch und bei 300 Volt verstummten sie. Die „Versuchsleiter" zögerten zwar zunächst bei höheren Stromschlägen, wurden dann aber vom Experimentator knapp und kühl aufgefordert weiterzumachen. Weigerten sie sich, „übernahm der Experimentator die Verantwortung". Obwohl die meisten Versuchspersonen, die in der „Versuchsleiter"-Rolle waren, in einen inneren Konflikt kamen, verabreichten 62% der Personen die maximale Stärke von 450 Volt.

Das optimale Team

Inhaltsebene und Beziehungsebene prägen die Interaktion zwischen Menschen. Das gilt natürlich auch für das Team. In einem optimalen Team werden sowohl die eine wie die andere Seite vom Teamleiter gestärkt. Hier sind für beide Bereiche Faktoren ausgewiesen, die auf der Inhalts- und Beziehungsseite in funktionierenden Teams beobachtet werden können.

Inhaltsseite

Zielorientierung: Das Team hat ein gemeinsames Ziel, für das zu arbeiten sich lohnt.

Vorgaben: Es gibt für jeden Aufgabenbereich Vorgaben, die erreichbar, messbar und allen Mitarbeitern bekannt sind.

Informationen: Entscheidungen, Besprechungen, Vereinbarungen etc. beruhen auf systematisch gesammelten Informationen.

Koordination: Es gibt eine systematische Koordination der Einzelaktivitäten im Team.

Kontrolle: Arbeitsergebnisse werden zu gegebener Zeit kontrolliert. Es ist nicht beliebig, was jeder Einzelne tut.

Reflexion: Die Arbeit wird von Zeit zu Zeit reflektiert. Was und wie man etwas tut, wird kritisch hinterfragt.

Reorganisation/Innovation: Veränderten Rahmenbedingungen wird durch interne Anpassungen früh begegnet.

Regeln: Es gibt offene Regeln, die die Zusammenarbeit untereinander berechenbar machen.

Wettbewerb: Leistungsbereitschaft kann honoriert und belohnt werden. Es gibt einen fairen Ansporn zu Leistung.

Beziehungsseite

Unterstützung: Gegenseitige Unterstützung spielt bei der gemeinsamen Arbeitsbewältigung eine wichtige Rolle.

Freiräume: Der Einzelne hat Freiräume zur Entscheidung, mit denen er verantwortlich umgeht.

Zuhören und Fragen: Interesse aneinander kommt in fragendem und zuhörendem Verhalten sichtbar und hörbar zum Ausdruck.

Gemeinsamkeiten: Es gibt erkennbare Gemeinsamkeiten in den Interessen und Vorstellungen, insbesondere in Bezug auf das Ziel.

Vertrauen: Es herrscht ein stillschweigendes Vertrauen darüber, dass grundlegende persönliche Grenzen nicht überschritten werden.

Werte: Die Werte der Zusammenarbeit sind am Menschen orientiert. Die Härte des Marktes führt nicht zur Verrohung.

Grenzen: Grenzen und Abweichungen des Einzelnen werden respektiert und geschützt.

Rituale: Es gibt verbindende und vereinende Rituale und Traditionen. Sie werden authentisch gelebt.

Auf den Punkt gebracht:

Man weiß es, aber man vergisst es in Praxis und Tageshektik nur zu oft: Gruppen arbeiten nicht unmittelbar reibungslos, sobald sie sich konstituiert haben. Soziale Systeme entwickeln ihre eigene kraftvolle Dynamik, die mit rein kennzahlorientierten Planungen im Konflikt stehen kann.

- Gruppen durchlaufen nach ihrer Konstitution die Phasen des Forming, Storming, Norming und Performing. Erst ab dem Norming erfolgt die optimale Konzentration auf die Aufgabe.
- Ändert sich die Gruppenzusammensetzung, beginnt erneut ein Prozess sozialer Restrukturierung. Das sollte man bei Fluktuationen bedenken. Umgekehrt besteht in festgefahrenen Situationen die Chance, über die geschickte Wahl von Arbeitsmethoden wieder in Gang zu kommen.
- Nur ein persönlich gefestigter Teamleiter wird zulassen können, dass selbstbewusste und innovationsfreudige, kritische Teammitglieder sich dem Konformitätsdruck der Mehrheit widersetzen. Aber die Kraft des Widerstands birgt das Potenzial, das sich mittelfristig als fruchtbar und regenerativ auf das Team und die Leitungsrolle auswirkt.

4 Diagnose von Teamkonflikten

Störungen (rechzeitig) erkennen

4.1 Konflikte verstehen

Konfliktursachen erkennen

Dem Anliegen, einen bestehenden Konflikt zu lösen, geht sinnvollerweise die Analyse seiner Ursachen voraus. Von Ursachen im Plural zu sprechen, gibt der Annahme Ausdruck, dass stets ein Bündel kausaler Einflüsse die Entstehung und Aufrechterhaltung eines Konfliktes begünstigt. Die folgende Übersicht mag als Detektionshilfe dienen, um zunächst viele potenzielle Faktoren in den Blick zu nehmen und dann den wirksamsten Hebelpunkt zur Lösung zu bestimmen.

Konfliktursachen

Die Konfliktursachen werden nun näher beschrieben. Vielleicht haben Sie einen Teamkonflikt zur Hand, den Sie besser verstehen wollen. Analysieren Sie diesen Fall parallel, während Sie die einzelnen Punkte lesen. Das wird Ihnen unmittelbar einsichtig machen, dass jeder Versuch, eine monokausale Erklärung für einen Konflikt zu finden, der Komplexität der Wirklichkeit kaum gerecht werden kann. Das ist auch der Grund, warum einfache Patentrezepte der Konfliktlösung scheitern müssen. Die Zeit, die man in die Analyse eines Konfliktes investiert, ist gut angelegt. Eine besonnene Analyse ermöglicht präzise, ökonomische und effektive Strategien zur Lösung im Gegensatz zu vorschnellen Aktionen der Symptombehandlung.

Am Ende dieses Abschnitts 4.1 wird an einem Beispiel gezeigt, wie ein Netzwerk gegenseitig bedingter Faktoren einen Konflikt konstituiert und welche Lösungsansätze sich ergeben.

Kompetenzunterschiede

In jedem Team gibt es Unterschiede der Teammitglieder in Bezug auf die Fähigkeiten, das Engagement, die Fehlerraten, die Arbeitsgeschwindigkeit, die Kreativität etc.

Kompetenzvorsprünge bewirken bei den betreffenden Personen häufig den subjektiv erlebten Anspruch, einen ausgleichenden Vorteil gegenüber den anderen Gruppenmitgliedern zu erhalten. Der Teamleiter steht im Spannungsfeld, einerseits alle gleich zu behandeln und andererseits besondere Leistungen zu belohnen (die oft gar nicht mess- oder vergleichbar sind). Eine undifferenzierte Gleichbehandlung trägt genauso zu Konflikten bei wie eine unberechenbare oder übertriebene Belohnung besonderer Leistungen und Kompetenzen.

Als Teamleiter muss man ständig neu kalkulieren, wann Einzelne herausgehoben werden, um persönliche Frustrationen zu vermeiden, und wann besondere Einzelleistungen unberücksichtigt bleiben, um Konkurrenzdenken zu verhindern.

Rangfragen
Unabhängig von der realen Arbeitsleistung existiert ein Bedürfnis der Personen mit längerer Teamzugehörigkeit, dass die Zugehörigkeit besonders be- und geachtet wird. Dies drückt sich in vielen kleinen, oft unscheinbaren Privilegien aus. Kaffeekochen, Aufräumen, Kopieren etc. wird zunächst von den „Neuzugängen" des Teams erledigt, insofern sie hierarchisch auf einer Ebene stehen. Nach einer Weile delegieren diese solche Arbeiten dann an die Personen, die nach ihnen neu zum Team kommen.

In vielen Teams wird die Dauer der Zugehörigkeit und der damit verbundene Rang oft nicht beachtet. Etwa wenn ein junger Teamleiter einer Gruppe vorgesetzt wird, in deren Reihen ältere Kollegen sind, die Arbeit und Unternehmen bereits unendlich viel länger kennen. Aber:

Als Privileg und zur Wertschätzung der Zugehörigkeit müssen ältere und erfahrene Kolleginnen und Kollegen besonders eingebunden werden, wenn Konflikte vermieden werden sollen.

Werteunterschiede
Menschen unterscheiden sich darin, welche Werte sie am höchsten schätzen. Werte wie Sicherheit, Ehrlichkeit, Karriere, Qualität prägen die Vorstellungen darüber, wie Arbeiten ausgeführt werden sollten und wie man miteinander umgeht. Legt ein Teil der Mitarbeiter beispielsweise Wert auf Qualität, während anderen eine hohe Arbeitsgeschwindigkeit wichtiger ist, lässt sich vorhersagen, dass Arbeitssituationen auftreten, in denen das Erreichen beider Ziele im Widerspruch zueinander steht.

Bereits bei der Personalauswahl sollte daher mit großer Sorgfalt auf zusammenpassende Werthaltungen zukünftiger Teammitglieder geachtet werden.

Wenn „die Chemie stimmt", dann bedeutet dies, dass auch grundlegende Werte übereinstimmen. Bei unterschiedlichen Werthaltungen wird Toleranz zum kritischen Faktor.

Verfahrensauffassungen
Menschen unterscheiden sich auch hinsichtlich ihrer grundlegenden Auffassung, wie man bei der Arbeitserledigung verfahren sollte. Dies betrifft Fragen des Vorgehens, also der Reihenfolge, in der Aufgaben erledigt werden sollten, und damit auch Fragen der Priorität und Zuständigkeit.

Entstehen Konflikte aufgrund von Verfahrensfragen, bestehen meist Unklarheiten und Wertunterschiede im Team. Dann ist der Teamleiter gefordert, das Vorgehen zu bestimmen, Prioritäten zu setzen und die gegenseitige Toleranz zu fördern.

Intoleranz
Das Maß der Toleranz gegenüber Andersartigkeit ist in Teams unterschiedlich stark ausgeprägt. Grundsätzlich profitieren Teams durch die unterschiedlichen Kompetenzen einzelner Mitglieder, weil Synergien entstehen können. Andererseits reagiert ein homogenes Team jedoch auf abweichende Minderheiten tendenziell ausgrenzend und nicht integrierend. Das eigene Team ausreichend offen zu halten für die Andersartigkeit der Teammitglieder und in der Varianz die Bereicherung zu erleben, zwingt den Teamleiter dazu, immer wieder auf die gegenseitige Akzeptanz zu achten.

Die vom Teamleiter vorgelebte Akzeptanz und Toleranz der Andersartigkeit ist eine wirkmächtige Grundhaltung, die sich auch auf das Team überträgt.

Führungsvakuum
Füllt die Führungskraft die eigene Rolle nicht aus, sodass ein Führungsvakuum entsteht, dann hemmt dies den reibungslosen Arbeitsverlauf. Fehlende Führung zwingt die Gruppe zu einem Ausgleich. Führungsfragen wie Entscheidungsfindung, Ressourcenverteilung etc. können nicht unbeantwortet bleiben, wenn die Arbeit erledigt werden muss. Also muss die Gruppe eine Antwort darauf finden.

Herrscht ein Führungsvakuum, übernehmen Teammitglieder ohne Legitimation ersatzweise und ungeschützt Ersatzführung. Sie frustrieren damit das Team wegen der Anmaßung, Führungsaufgaben zu erledigen. Zum anderen ist das Team frustriert, weil die legitime Führung sich entzieht.

Spannungsgebendes Führungsverhalten
Wenn Teamleiter Sanktion und Lob nicht nutzen, wenn sie wichtige Entscheidungen aussitzen, wenn sie auf Fehler der Teammitglieder unangemessen scharf sanktionierend reagieren, dann ist der Nährboden vielfältiger innerbetrieblicher Konflikte angelegt. Eine intransparente Informationspolitik, Ungerechtigkeit in dem Sinne, dass Einzelne Sonderrechte genießen, Inkonsequenz oder Konfliktvermeidung sind weitere Beispiele für Führungsverhalten, das Spannungen im Team verursacht.

Ein Team reagiert auf solches Fehlverhalten des Teamleiters häufig erst durch innere Spannungen. Symptome wie fehlende Motivation, Leistungsverweigerung, Dienst nach Vorschrift sind Ausgleichsreaktionen der Teammitglieder auf Führungsschwächen.

Dies liegt jedoch nicht nur am Teamleiter. Die Symptome bringen häufig nur eine Führungsschwäche auf höheren Ebenen der Organisation zum Ausdruck.

Strukturelle Organisationsdefizite

Strukturelle Organisationsdefizite sind oft über lange Zeit und ganz unbemerkt gewachsen. Produkte, Märkte, Prozesse, Strukturen und Zuständigkeiten ändern sich über die Jahre peu à peu; und ohne dass man genau bestimmen könnte, wann und wo es geschah, bleibt doch die Feststellung, dass das Zusammenspiel der Variablen nicht mehr stimmt. Erforderliche Restrukturierungen und Reorganisationen, die für die effektive und effiziente Aufgabenbewältigung notwendig wären, blieben aus. Das führt dann zu Spannungen zwischen Abteilungen sowie zwischen Unternehmen und Kunde. Die Folge ist Frustration im Team.

> Strukturellen Organisationsdefiziten steht ein Teamleiter häufig machtlos gegenüber. Auch wenn sie auf viel höherer Ebene entschieden werden, sollte der Teamleiter in Richtung seines Vorgesetzten beharrlich um Unterstützung werben.

Informationsdefizite

Hier sind einige Spielarten, wie Informationsdefizite auftreten und wirken:

- Informationen können zu spät, unvollständig, verzerrt, falsch, gar nicht in eine Arbeitsgruppe gelangen, sodass das Arbeitsergebnis darunter leidet. Das führt früher oder später zwangsläufig zu Konflikten innerhalb des Teams oder zwischen dem Informationslieferanten und -empfänger.
- Teamleiter nehmen die Aufgabe, das Team mit Informationen zu versorgen, nicht ernst genug oder horten aus machtpolitischem Kalkül Informationen. Früher oder später gelangen dann Informationen auf anderem Weg ins Team – die Führungskraft verliert das Gesicht und es entsteht ein Team-Teamleiter-Konflikt.
- Innerhalb des Teams werden Informationen, die für Kollegen wichtig sind, aus strategischen Gründen vor-

enthalten, verheimlicht oder verzerrt, um egoistische Positionen zu sichern. In diesem Fall stellt sich auch die Frage, ob die Informationsdefizite Ursache sind oder Ausdruck anderer unterschwelliger Konflikte.

Unter- und Überforderung

Wenn Mitarbeiter nicht entsprechend ihrer Leistungsfähigkeit gefordert werden, führt dies auf Dauer zu Frustrationen. Dies gilt einerseits für Unterforderungen: In diesem Fall folgt Langeweile. Nutzt ein Mitarbeiter die verfügbare Zeit, ist er wenigstens produktiv – im besten Fall zu seinem persönlichen Vorteil und nicht gegen die Interessen des Unternehmens. In einem guten Teamklima spricht ein Mitarbeiter seine Unterforderung an und der Teamleiter kann Fördermöglichkeiten erwägen. Geschieht dies nicht, wird Langeweile ein Keim, aus dem sich destruktive Beschäftigungen entwickeln, die verheimlicht werden und das Unternehmen schädigen.
Überforderung von Mitarbeitern führt zu Problemen, weil dies absehbar dazu führen wird, dass der Mitarbeiter die Belastung nicht verkraftet. Er wird also früher oder später ausfallen. Auf dem Weg dahin werden Probleme wie Stresssymptome, fehlerhafte Arbeiten, verärgerte Kunden oder Kollegen, versäumte Termine und Ähnliches symptomatisch ankündigen, dass ein Mitarbeiter der Belastung nicht gewachsen ist.

Folgen von Unter- und Überforderung sind sehr offensichtlich und gleichzeitig sehr folgenreich. Reagiert ein Vorgesetzter nicht, stellt dies seine Führungsfähigkeit fundamental in Frage.

Externe Beeinflussungsversuche

Teams sind keine geschlossenen Systeme. Ganz im Gegenteil befinden sich alle Personen eines Teams im ständigen Austausch mit anderen Menschen außerhalb des Teams und der

Organisation. Oft bestimmen externe Einflüsse (Freunde, Bekannte, Familienangehörige) Aktionen innerhalb des Teams.

Solche Einflüsse sind nicht nur unvermeidbar, sie sind vielfach auch wertvoll.

Fatal ist es, wenn externe Beeinflussungsversuche Konflikte innerhalb des Teams entfachen. Beispielhaft sind soziale Vergleiche, in denen ein „guter Bekannter" beim Bier immer wieder wortreich stichelt, welch tolle Vergünstigungen es in seinem Unternehmen gibt, welche Freiheiten sein Chef einräumt, wie viel er mehr verdient ... Ungeprüft übernommen laden sie die kritische Wahrnehmung der Person auf und forcieren so Konflikte. Es gibt immer wieder Personen, die Interesse daran haben, andere aufzustacheln. Oft handelt es sich um jemanden, der ehemals im Team oder Unternehmen tätig war und im Team Verbliebene für seine Rache instrumentalisiert.

4.2 Vernetzung von Konfliktursachen

Die genaue Ursache eines Konfliktes ist nicht leicht zu lokalisieren. In der Regel sind mehrere Ursachen zu bedenken, die eine problematische Situation als komplex verwobenen Konfliktteppich erscheinen lassen.
Die Mühe lohnt, eine ausführliche Diagnose vorzunehmen, indem man Schritt für Schritt beleuchtet, welche Konfliktursachen von Bedeutung sind, und wie sie in einem konkreten Konflikt zusammen- und ineinanderwirken.
Ein visualisiertes Netzwerkdiagramm ist hilfreich, um die Wechselwirkungen und Verflechtungen verschiedener Ursachen sichtbar zu machen, sie besser verstehen zu können und auf der Basis eines systemischen und differenzierten Gesamtbildes passgenaue Konfliktlösungen zu planen. Man kann sich dies aufzeichnen und die Wirkungen als Pfeile entsprechender Richtung (bzw. als Doppelpfeil) eintragen.

4.3 Konflikte ansprechen – Kritik kompetent äußern

Hat man einen Konflikt erkannt, ist es sehr wahrscheinlich, dass man irgendwann gezwungen ist anzusprechen, was stört. Dazu ist ein kompetentes Kritikverhalten hilfreich – einerseits derart, dass man Kritik annehmen lernt, andererseits derart, dass man Kritik so äußert, dass der Angesprochene damit umgehen kann.

Zum Umgang mit Kritik

Hören Sie sich die Kritik erst einmal an

Unterbrechen Sie nicht, wenn jemand Kritik äußert. Bemühen Sie sich, seine Argumente erst einmal anzuhören und zu verstehen. Das bedeutet nicht, dass man das Gesagte kritiklos anerkennt. Man vermeidet aber Missverständnisse und hält das Eskalationsniveau niedrig.

Nehmen Sie die Kritik als Anregung, nicht persönlich

Kritik bezieht sich auf Verhalten. Unabhängig davon, wie direkt oder verletzend der andere sie geäußert hat, liegt es in Ihrer Verantwortung, wie Sie reagieren, insbesondere, ob Sie sich persönlich angegriffen fühlen. Jede Kritik ist eine Chance – nutzen Sie sie für sich.

Entscheiden Sie selbst, was Sie annehmen

Man kann dem anderen das Recht einräumen, etwas zu kritisieren. Das bedeutet nicht, dass man jede Kritik vorbehaltlos annehmen muss. Es liegt bei Ihnen, erst innezuhalten und zu prüfen, was Sie annehmen möchten und was nicht.

Bestimmen Sie, wann Sie reagieren

Widerstehen Sie der Neigung, unmittelbar zu reagieren. Vorschnelle Reaktionen verschärfen viele Situationen. Entscheiden Sie, ob Sie sofort oder nach einer Bedenkzeit reagieren möchten. Dies offen anzusprechen zeigt einen besonnenen Umgang mit Kritik.

Vermeiden Sie den ausgleichenden Gegenschlag
Oft setzen Personen zum Gegenschlag an, unmittelbar nachdem sie kritisiert wurden. Das führt dann schnell zur Eskalation der Situation, weil auch der andere sich genötigt fühlt, erneut gegenzuhalten. Es mag schwer sein, wirkt aber deeskalierend, wenn Sie nicht sofort mit Gegenkritik kontern.

Kritik äußern

Bleiben Sie bei einer konkreten Situation
Wenn Sie bei einer konkreten Situation bleiben, in der ein kritisches Verhalten gezeigt wurde, schaffen Sie einen Bezugspunkt, auf den der Gesprächspartner sich beziehen muss. Das verringert die Gefahr zu verallgemeinern oder auszuweichen.

Beschreiben Sie erst das konkrete Verhalten
Widerstehen Sie der Versuchung, das Verhalten des anderen als 'nachlässig', 'beleidigend', 'unverschämt' oder wie auch immer zu etikettieren. Beschreiben Sie hingegen so genau wie möglich das Verhalten, indem Sie mitteilen, was Sie beobachtet haben.

Sprechen Sie in Ich-Form aus, wie etwas auf Sie wirkt
Benutzen Sie das 'Ich', wenn Sie beschreiben, wie das Verhalten des anderen auf Sie wirkt. Beispielsweise: „Ich fühle mich durch Ihre Lautstärke außerstande, mit Ihnen zu sprechen." Das ist besser als die vorwurfsvolle Sie-Form oder die verallgemeinernde Man-Form.

Äußern Sie Ihre Kritik rechtzeitig
Konflikte eskalieren umso leichter, je länger man damit wartet, seine Kritik zu äußern. Äußern Sie Ihre Kritik hingegen frühzeitig, fällt es Ihnen sowohl leichter, bei einer konkreten Situation zu bleiben, als auch, Verallgemeinerungen zu vermeiden.

Äußern Sie Erwartungen, Wünsche oder Alternativen
Teilen Sie dem Gesprächspartner mit, was Sie von ihm erwarten. Oft wird nur darüber gesprochen, dass man eine Änderung vom anderen erwartet. Aber erst, wenn der Gesprächspartner eine Vorstellung davon hat, welche Alternative man sich wünscht, weiß er, in welche Richtung er sich verändern soll.

4.4 Eskalationsstufen im Konflikt

Im vorangegangenen Abschnitt 4.1 haben Sie ein Verfahren und eine Visualisierungmöglichkeit kennen gelernt, wie Sie die Komplexität eines Konfliktes besser verstehen und abbilden können. Dadurch sind Sie gewappnet, voreilige Schlüsse und Reaktionen zu vermeiden. Wenn Sie sich die Zeit nehmen, auf diese Weise einen differenzierteren Blick auf Ihre Konfliktsituationen zu werfen, werden Ihnen sicher mehrere Punkte ins Auge fallen, wo Sie ansetzen können, um die Konfliktlösung zu erreichen. Gespräche als Konfliktlösungsstrategie sind zwar häufig angezeigt, aber nicht immer das Mittel der Wahl. Nur wer eine profunde Konfliktanalyse betrieben hat, schafft die Ausgangsbasis, flexibel in der Wahl des Lösungsweges zu sein.

Die Eskalationsstufe bestimmt das Vorgehen

Die Wahl der passenden Lösung eines Konfliktes muss in Abhängigkeit davon getroffen werden, wie weit ein Konflikt eskaliert ist. Der Eskalationsgrad eines Konfliktes schließt bestimmte Lösungsalternativen von vornherein aus und kann Hinweise darauf geben, wer einen Konflikt im Idealfall lösen sollte. Glasl (1998) unterscheidet neun verschiedene Eskalationsstufen, auf denen sich ein Konflikt befinden kann. Das Modell ist auf der folgenden Seite dargestellt.

Der Übersichtlichkeit halber und um ein praktikables Modell zur Verfügung zu haben, können Sie sich die drei Hauptphasen einprägen:

- „Vom Wort zur Tat“,
- „Ich bin gut und du bist böse“,
- „Koste es, was es wolle“.

Das Modell der Konfliktstufen fordert dazu auf, sich Rechenschaft über die Tragweite eines Konfliktes zu geben. Es bietet dann eine konkrete Entscheidungshilfe, wie man eingreifen kann. Grundsätzlich kann sich ein Teamleiter fragen, ob er selbst aktiv werden oder auf externe Hilfe zurückgreifen soll. In der Hauptphase „Ich bin gut und du bist böse“ sollte man eher auf einen externen Prozessbegleiter zurückgreifen. Warum? Weil der Teamleiter in Führungsverantwortung steht, kann er den Prozess nicht neutral begleiten, erforderliche emotionale Offenheit thematisieren oder konfrontierende persönliche Interventionen vornehmen. Hier würde die Rollengrenze zwischen Führung und Helfer verwischen und die Offenheit der Konfliktpartei leiden.

Drei Hauptphasen der Konflikteskalation

Motto	„Vom Wort zur Tat“	„Ich bin gut und du bist böse“	„Koste es, was es wolle“
Charakteristika	**1. Verhärtung** · sachbezogen · Gespräche	**4. Gut-Böse-Denken** · Gewinn oder Verlust · Selbstübersteigerung und Fremdabwertung	**7. Begrenzte Vernichtung** · begrenzte Schläge zum Schaden des Anderen · Verdinglichung: Menschen werden nicht mehr berücksichtigt
	2. Debatte · rohere Gespräche · fixe Positionen	**5. Gesichtsverlust** · Fanatisierung Unterschiede · Destruktion des Images	**8. Zersplitterung** · Angriffe auf „Nervenzentrum“ · Sabotage des Fremdsystems

	3. Taten	6. Drohen	9. Koste es, was es wolle
	• vollendete Tatsachen statt Gespräche • Abgrenzungen	• Drohungen • Schüren von Ängsten	• totale Konfrontation • Selbstvernichtung wird in Kauf genommen
Kennzeichnende Strategie	**Win-win** Beide Seiten haben Chance zu gewinnen	**Win-lose** Eigene Seite soll gewinnen, Gegenseite soll verlieren	**Lose-lose** Verluste der Gegenseite werden um Preis eigener Verluste einkalkuliert
Wie greift man ein?	Moderation	Prozessbegleitung	Machteingriff
Wer greift ein?	Interner o. externer Moderator	Externer Prozessbegleiter	Interner Vorgesetzter

Abbildung: Konfliktstufen nach Glas

Auf den Punkt gebracht:

Keine Therapie ohne Diagnose – das gilt auch für die Teamkonflikte. Die Teamleitung sollte die Vielfalt und das Zusammenspiel möglicher Konfliktursachen erkennen. Daraus leiten sich dann stets mehrere Handlungsoptionen ab, aus denen man geschickt wählen kann.

- Konflikte gehören zum Leben. Dies gilt auch für Teams. Probleme erwachsen nicht aus dem Konflikt, sondern daraus, ob und wie man sich seiner annimmt.
- Da die Faktoren, die Konflikte verursachen können, beweglich und veränderbar sind, sollten Teamleiter ihre Teamstruktur hin und wieder reflektieren.
- Die Rückführung von Konflikten auf einfache Ursachen entspringt vielleicht unseren Wünschen, sie trifft in der Realität jedoch nie zu.
- Besonnenheit und Ruhe bei der Analyse von Teamkonflikten bewahrt vor voreiligen Aktionen, die die Lage nicht verbessern. Eine externe und neutrale Beratung hilft meistens zu mehr Klarheit und Distanz bei der Analyse.
- Der Teamleiter ist dafür verantwortlich, ob ein Konflikt gelöst wird, da er auch für die Ergebnisse seines Teams verantwortlich ist. Dies sollte Grund genug sein, die Lösung der Konflikte bewusst anzugehen.
- Das Eskalationsniveau bestimmt die Lösungsstrategie: Direkteingriff oder Abwarten, selbst aktiv werden oder auf Fremdhilfe zurückgreifen.

5 Konfliktlösung

Das professionelle Instrumentarium

5.1 Konfliktsituation – Konfliktreaktion

In diesem Kapitel werden einige Modelle und Theorien vorgestellt, die nachvollziehbar machen, wieso Menschen in Konflikten auf bestimmte Art und Weise reagieren. Menschen sind der Dreh- und Angelpunkt der Konfliktlösung. Versteht man die Beweggründe menschlichen Konfliktverhaltens, eröffnen sich Einsichten, wie man Lösungen anbahnen kann.

Wenn Sie an etwas glauben, dann können Sie Berge bewegen! Der Kern dieser Botschaft vieler Motivationsgurus lautet: Das Denken bestimmt unser Verhalten. Das klingt plausibel. Aber wie wäre es mit der Umkehrung? Ihr Verhalten beeinflusst Ihr Denken! Wenn Sie sich täglich daran machen, den vor Ihnen liegenden Berg abzutragen, dann werden Sie irgendwann glauben, dass Sie Berge bewegen können. „Aber wie steht es mit den Gefühlen?", könnte man fragen. Ist die Werbung nicht ein unübersehbares Beispiel dafür, wie Gefühle das Verhalten und auch das Denken der Menschen beeinflusst? Ja, es ist ein Beispiel dafür. Damit liegt nahe: Denken und Verhalten und Fühlen stehen nicht in einfachem kausalem Zusammenhang, sondern beeinflussen sich wechselseitig. Auch in Konflikten ist menschliches Verhalten nur im Wechselspiel mit bestimmten Gefühlsqualitäten und Denkweisen erklärbar.

Bedenken Sie: Den Tipp eines guten Freundes werden Sie nur annehmen, wenn Sie ihn für vernünftig halten und er Ihren Überzeugungen entspricht (Denken). Sie werden ihn erst in die Praxis umsetzen (Verhalten), wenn Sie mutig und sicher genug sind (Gefühl), es zu wagen. Wenn Sie es einfach einmal ausprobieren (Verhalten), könnte es sein, dass Sie einen Erfolg erleben (Gefühl) und dieses Erfolgsgefühl Ihre

Überzeugung erst stärkt (Denken), dass der Tipp wirklich gut ist. Im Falle eines Misserfolges würden Ihr Gefühl und die Schlüsse, die Sie ziehen (Denken), anders ausfallen.
Die Persönlichkeit ist dadurch geprägt, dass wir bestimmte Muster des Zusammenspiels der drei Faktoren Fühlen, Verhalten und Denken ausgebildet haben. Als Mensch sind Sie durch charakteristische Temperamentsbewegungen, Verhaltensgewohnheiten und Denkweisen beschreibbar.

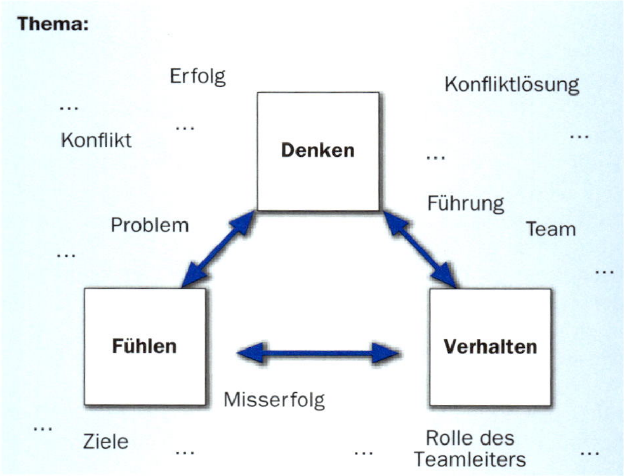

Das Wechselspiel zwischen Thema, Fühlen, Verhalten und Denken

Prägende Faktoren beim Konfliktverhalten

Die Konsequenzen in Bezug auf Ihr Verhalten in Konflikten sind sehr tiefgreifend:

- Was Sie über Konflikte im Allgemeinen denken, prägt Ihr Verhalten in Konfliktsituationen.
- Angst ist ein Gefühl, das unsere Verhaltensflexibilität einschränkt. Man sollte also lieber an seiner Furcht vor Konflikten arbeiten, als voreilig ein Verhaltensrezept zu studieren, wie man einen Konflikt auf die Schnelle löst.

- Worauf sich unser Denken in einer Konfliktsituation fokussiert, wird entscheiden, wie wir uns verhalten.
- Wie Sie sich in Konfliktsituationen fühlen, entscheidet darüber, welches Verhalten Sie zur Lösung wählen.
- Ihre vergangenen Erfahrungen im Zusammenhang mit Konflikten prägten, was Sie heute über Konflikte denken, wie Sie in Konfliktsituationen empfinden und welches Verhalten Sie bei der Konfliktbearbeitung wählen.

Einstellung und Konfliktverhalten

Wir wollen uns zunächst damit beschäftigen, welche Assoziationen geweckt werden, wenn Sie an Konflikte denken. Das wird Aufschluss darüber geben, ob Sie auf der Ebene der Einstellungen gewappnet sind, Konflikten zu begegnen und sie lösungsorientiert anzugehen. Zum Einstieg biete ich Ihnen folgende Übung an:

Übung

Nehmen Sie sich 3 bis 5 Minuten Zeit. Notieren Sie alle Assoziationen, die Ihnen spontan zum Thema Konflikt einfallen, auf einem Blatt Papier.

Betrachten Sie Ihr Ergebnis. Gibt es Ähnlichkeiten zwischen den Begriffen, Bildern, Assoziationen? Auffällig häufig werden militärische Bilder, Begriffe wie Kampf, Strategie, Angriff, Verteidigung, Rückzug, Niederlage, Verlust, Sieg, Eskalation mit dem Begriff Konflikt assoziiert. Unterstellt man, dass die Einstellung das Verhalten prägt, dann könnte man ernsthaft zweifeln: Wie sollte man lösungsorientiert, kooperativ, gemeinschaftlich, konstruktiv zu einer Konfliktlösung gelangen, wenn die Vorstellungen, die im Assoziationsnetz des Gehirns mit Konflikt verknüpft sind, Gewinner und Verlierer, Konkurrenz und Destruktion beinhalten? Scheint es nicht unverzichtbar, dass die eigene Einstellung gegenüber Konflikten positiv ist, um erst die Voraussetzung zu schaffen, dass alle verfügbaren Ressourcen aktiviert werden? Man müsste dazu erst einmal glauben, dass Konflikte etwas fundamental Wichtiges, Lebendiges und Energetisierendes sind. Dies könnten Argumente dazu sein:

- Konflikte im Arbeitsalltag sind nicht völlig vermeidbar. Konflikte sind häufig durch individuelle Faktoren in den beteiligten Personen oder durch äußere Störeinflüsse bedingt, die außerhalb der eigenen Kontrolle liegen. Sie sind mit dem menschlichen Leben und dem Arbeitsgeschehen untrennbar verbunden, weil hier Menschen mit unterschiedlichen Wahrnehmungen, Zielen, Stimmungen und Informationen aufeinandertreffen.
  Konflikt und Konsens, Harmonie und Disharmonie bedingen und ergänzen einander.
- Konflikte sind allgegenwärtig.
  Konflikte hat es zu allen Zeiten, in jedem Unternehmen und in jedem Team gegeben. Konflikte werden auch weiterhin auftreten. Sie existieren unabhängig von der Wirtschaftsordnung, der Wirtschaftslage oder dem Entwicklungsstand eines Unternehmens. Das Gleiche gilt für Teams. Je größer und schneller Veränderungen sich vollziehen, desto stärker sind die Impulse und Spannungen, denen sich Organisationen ausgesetzt sehen. Es wäre töricht, diese Zusammenhänge zu leugnen.
- Konflikte sind produktiv nutzbar.
  Produktiv werden Konflikte dann, wenn kompetent gesteuerte Konfliktprozesse zu Wandel, Lernprozessen, Innovation und (positiver) Anpassung führen.
  Konflikte erfüllen dann die folgenden positiven Funktionen:
  Sie weisen auf Probleme hin,
  sie verlangen nach Umorientierung und Lösung,
  sie regen Interesse an,
  sie sind der Keim für Veränderung,
  sie festigen ein bestehendes Team,
  sie ermöglichen Prozesse der Selbsterkenntnis,
  sie verhindern Stagnation.

Da die inneren Reaktionen auf Konflikte unser Fühlen und Verhalten tiefgreifend beeinflussen, aber selten zum Gegenstand der Betrachtung gemacht werden, wird dem hier besonderes Gewicht zugemessen. Die Glaubenssätze, Bewertungen, Assoziationen zum Thema Konflikt bewusst werden zu lassen und zu hinterfragen ist der Schritt zu einer Veränderung, deren Ziel eine grundlegend optimistische Grundhaltung gegenüber Konflikten ist. Insbesondere Führungskräfte sollten sich bewusst sein, welche Tragweite ihre innere Haltung besitzt, und dass sie sich auch auf die Mitarbeiter überträgt. Wer den produktiven Beitrag von Konflikten erkennt, der wird Konflikte besser ertragen können, der wird sich ihnen sachlich-kalkulierter annehmen und dem wird es leichterfallen, auch bei Mitarbeitern den Gedanken zu etablieren, dass inhaltliche Auseinandersetzungen als Chance zu einer besseren Zukunft begriffen werden können. Das öffnet völlig neue Perspektiven der Zusammenarbeit.

Grundposition und Konfliktverhalten

Es wurde festgestellt, wie wesentlich die Grundhaltung ist, aus der heraus man agiert. Nun kann man differenzieren, dass es einerseits die Grundhaltung sich selbst gegenüber ist und andererseits jene, mit der man dem Konfliktpartner begegnet. Beide bestimmen, welches Verhalten man wählt und wie man dem anderen bei der Lösungssuche begegnen wird.
Die von Eric Berne begründete Transaktionsanalyse bietet ein einprägsames Modell an, das vier Muster unterscheidet, wie die Einstellungen zu uns selbst und zum anderen kombiniert auftreten können. Nach diesem Modell zeigt sich in unseren Begegnungen, in welchem Maß ein Mensch andere Menschen und sich selbst als o.k. bzw. nicht o.k. empfindet. Diese O.k.- oder Nicht-o.k.-Gefühle werden dann als psychologische Grundpositionen bezeichnet und beschreiben die innere Haltung, die in der Begegnung mit sich selbst und anderen hinter dem sichtbaren Verhalten steht. Nachfolgend

sind das ursprüngliche „Ich“ und „Du“ des Modells auf das „Wir“ und „Ihr“ erweitert. Das macht deutlich, dass man das Modell auch auf Teams anwenden kann und so eine Aussage zur Haltung des Teams gegenüber anderen Teams machen kann.

Ich bin (Wir sind) o.k. Du bist (Ihr seid) o.k.	**Ich bin (Wir sind) o.k. Du bist (Ihr seid) nicht o.k.**
Ich bin (Wir sind) nicht o.k. Du bist (Ihr seid) nicht o.k.	**Ich bin (Wir sind) nicht o.k. Du bist (Ihr seid) o.k.**

Die vier Grunddispositionen der Transaktionsanalyse

Ich bin o.k. – du bist o.k.

Im „Ich bin o.k.“ kommt ein gesundes und unerschütterliches Selbstbewusstsein zum Ausdruck, im „Du bist o.k.“ eine grundlegende Akzeptanz gegenüber dem anderen. Man erlaubt sich und dem anderen Eigenständigkeit.

Ich bin o.k. – du bist nicht o.k.

Dieses Muster beschreibt, dass man sich selbst vollständig annimmt, den anderen jedoch nicht akzeptiert. In der Begegnung werden Selbstgerechtigkeit und Arroganz und mangelnde Offenheit prägend sein.

Ich bin nicht o.k. – du bist o.k.

Mit dieser Haltung agiert man aus einem Minderwertigkeitsgefühl, während man den anderen überhöht. Eine unangemessene Selbstabwertung minimiert die eigene Attraktivität in der Begegnung mit dem anderen.

Ich bin nicht o.k. – du bist nicht o.k.
Diese Haltung ist Ausdruck einer tiefen Resignation, da weder ein gesundes Selbstwertgefühl noch eine akzeptierende Werthaltung des anderen existiert. Damit fehlt grundlegende Hoffnung.

Bewertung der Grundhaltungen
Es liegt nahe, dass von den verschiedenen Grundpositionen nur die „Ich bin o.k. – du bist o.k."-Haltung wirklich geeignet ist, Konflikte dauerhaft zu lösen, da im Gefühl des gesunden Selbstbewusstseins die Festigkeit bezüglich des eigenen Standpunktes zum Ausdruck kommt und die Bereitschaft, dem Eigeninteresse des anderen auf der Ebene der menschlichen Begegnung mit Verständnis zu begegnen.
Alle übrigen Haltungen bergen Konfliktpotenzial in sich, wenn sie nicht sogar Grund dafür waren, dass Konflikte überhaupt entstanden sind. Bedenken Sie, dass die Grundhaltungen immer auch Ausdruck in verbalem und nonverbalem Verhalten finden. Der Tonfall und die unbedachte Geste, die Körperhaltung und die mimische Antwort zeigen dem anderen Ihre Einstellung ihm gegenüber.

Eine verbreitete Haltung in Konfliktsituationen ist die Haltung: Ich bin o.k. – du bist nicht o.k. Man neigt rasch dazu, wenn der Konfliktpartner sich (aus der eigenen Sicht) uneinsichtig und starr gibt. Je schwerer es fällt, den anderen als Menschen mit legitimen Interessen, Positionen und Handlungszwängen zu verstehen, auch wenn man eine Gegenposition vertritt, desto wahrscheinlicher ist es, dass die eigene Haltung ein überlegtes und lösungsorientiertes Konfliktverhalten sabotiert.
Die grundlegende Akzeptanz des anderen bei gleichzeitiger Meinungsdifferenz ist erfahrungsgemäß schwer zu realisieren, selbst wenn man ihr verstandesmäßig zugestimmt hat. Sie ist ein Ideal, eine unabschließbare Handlungsrichtlinie. Gleichzeitig bleibt sie der Dreh- und Angelpunkt, der die Wirksamkeit aller verhaltensbezogenen Techniken be-

stimmt. Die innere Haltung bestimmt die Wirkung des äußerlich sichtbaren Verhaltens.

Tipps

- Sensibilisieren Sie sich für Ihre inneren Bilder und Vorstellungen, mit denen Sie in ein Konfliktgespräch gehen. Dadurch werden Sie sich innerer Zusammenhänge bewusst.
- Sorgen Sie dafür, dass Sie eine Lösung des Konfliktes grundsätzlich für möglich halten, bevor Sie das Gespräch suchen. Hoffnung ist die zwingendste Lösungsvoraussetzung.
- Akzeptieren Sie Ihren Konfliktpartner als Mensch mit eigenen Interessen, auch wenn Sie seine Ziele, sein Verhalten, seine Position nicht akzeptieren.
- Achten Sie bei Ihrem Konfliktpartner während des Konfliktgesprächs auf Zeichen einer O.k.-Haltung Ihnen gegenüber. Loben und verstärken Sie Verhalten und Aussagen, die aus einer inneren O.k.-Haltung resultieren. Dies schafft das Klima zur Annäherung.

Grundposition des Teams

Wie schon angedeutet, lässt sich die Grundhaltung nicht nur bei einer Einzelperson beobachten, sondern auch das Team als Ganzes ist durch seine Grundhaltung anderen Abteilungen oder Gruppen gegenüber charakterisierbar. Die „Grundstimmung“ oder das „Gruppenklima“, die „Einstellung der Gruppe“: All dies sind Beschreibungen, in denen die O.k.-Haltung des Teams anderen Gruppen gegenüber zum Ausdruck kommt.

Wenn Sportteams oder deren Trainer ihre eigene Leistungsfähigkeit übertrieben hochstilisieren und über ihre Wettkampfgegner wenig wertschätzende Worte verlieren, dann haben Sie ein Beispiel für eine ritualisierte „Wir o.k. – Ihr nicht o.k.“-Haltung. Die Spannung und das Konfliktpotenzial, das dadurch entsteht, wird in Wettkampfsituationen zielgerichtet als Energie aufgebaut und genutzt, um in der Auseinandersetzung den erforderlichen Schub zum Erreichen des Siegertreppchens zu induzieren.

Im Wettkampf und im Wettbewerb mag diese beispielhaft vorgestellte Haltung funktional sein, um als Gewinner und nicht als Verlierer aus dem Rennen zu gehen. Innerhalb einer Organisation, soweit sie auf Kooperation hin angelegt ist, tauchen jedoch Schwierigkeiten auf, da der heutige Verlierer morgen alles daran setzen wird, die Gewinnerposition einzunehmen. Zusammenarbeit wird so dauerhaft von wechselseitig kalkulierten Rachereaktionen unterminiert. Zunächst einmal ist der Teamleiter als Führungskraft des Teams die Person, die durch ihr gelebtes Vorbildverhalten entscheidend die Grundhaltung des Teams prägt. Der Grad seiner Einflussnahme ist jedoch beschränkt durch die kulturellen Rahmenbedingungen der Gesamtorganisation.

Haltung	Wirkung
Wir sind o.k. ihr seid nicht o.k.	– Schafft erhöhtes Teamgefühl wegen äußerem Feind. – Erhöhte Leistungsbereitschaft wahrscheinlich. – Verhärtet die Grenzen nach außen – man schafft sich keine Freunde. – Kochen im eigenen Saft.
Wir sind nicht o.k. ihr seid o.k.	– Depressive Grundhaltung im Team. – „Die anderen haben es alle besser." – Geringes Team-Selbstbewusstsein. – Kopieren statt innovieren.
Wir sind nicht o.k. ihr seid nicht o.k.	– Depressive Grundhaltung im Team. – Desinteresse und Abwertung nach außen. – Geringe Leistungsbereitschaft. – Abschotten und Dienst nach Vorschrift.
Wir sind o.k. ihr seid o.k.	– Erhöhtes Teamgefühl möglich. – Akzeptanz nach innen und außen. – Offenheit nach außen.

Grundhaltung des Teams und ihre Wirkung

Zusammenhang von Grunddisposition und Teamrolle
Im Zusammenhang mit den Teamrollen in Abschnitt 1.2 wurde die Bedeutung gegenseitiger Toleranz und Akzeptanz betont. Die Haltung des beidseitigen O.k. findet dort ihren Ausdruck, weil man die eigene und die anderen Rollen im Team anerkennt.

> Die Grundhaltung des beidseitigen O.k. ist von so zentraler Bedeutung, dass es für einen Teamleiter/eine Teamleiterin zur vorrangigen Aufgabe werden sollte, sie an die eigenen Mitarbeiter zu vermitteln.

Die Grundhaltung des beidseitigen O.k. trägt dazu bei, dass zahlreiche Konflikte untereinander vermieden werden, die auf Persönlichkeitsunterschieden beruhen. Sollten unvermeidliche Konflikte entstehen, dann schafft die beidseitige O.k.-Haltung das Klima für eine sachbezogene Auseinandersetzung und die Bereitschaft zum Konsens. Dies gilt gleichermaßen für den Umgang mit Kollegen, mit Kunden, anderen Abteilungen und mit Lieferanten. Die Etablierung einer O.k.-Haltung im Team ist die Folge der unter 2.1 beschriebenen Faktoren der Teamführung: Vertrauen, Sicherheit, Koordination. In sie zu investieren ist also eine Führungsaufgabe, die Folgekosten wie Zeit, Ärger, Fluktuation, Krankheiten, Nichterreichen von Leistungszielen etc. vorbeugend und auf indirekte Weise minimiert.
Kommt man als Teamleiter in die Situation, zwischen Mitarbeitern vermitteln zu müssen, bleibt die Stärkung der O.k.-Haltung ebenfalls vorrangig, denn nur wenn es gelingt, dass die Konfliktparteien einander grundsätzlich wertschätzend begegnen, ist eine fruchtbare Auseinandersetzung in der Sache Erfolg versprechend.

Übung

Denken Sie an mehrere Situationen aus der letzten Zeit, in denen Ihr Team über andere Teams/Abteilungen gesprochen hat.

- Auf welche Grundhaltung weisen Aussagen oder das Verhalten des Teams hin?
- Unterscheidet sich die Grundhaltung, je nachdem ob das Team mit Kunden, mit anderen Abteilungen, mit Lieferanten etc. in Kontakt tritt?
- Gibt es auffällige Gemeinsamkeiten?

5.2 Der persönliche Konfliktstil

Jeder Mensch hat einen persönlichen Stil, mit Konflikten umzugehen. Es gibt Personen, deren Konfliktlösungsstil über unterschiedliche Situationen hinweg relativ stabil ist, während andere etwas flexibler und deshalb schwerer einschätzbar sind. Erfahrungsgemäß sind aber die Konfliktsituationen, denen man ausgesetzt ist, sehr unterschiedlich. Sowohl die Tragweite des Konfliktes als auch die Konstellation der beteiligten Parteien oder die Komplexität des Konfliktes sind entscheidende Rahmenfaktoren, die dazu zwingen, zum Beispiel manchmal aktiver und schneller zu handeln als in anderen Situationen.

Es scheint also sinnvoll zu sein, davon auszugehen, dass der Konfliktstil einer Person von situativen Rahmenbedingungen beeinflusst wird, d.h., dass Menschen sich je nach Konfliktsituation innerhalb bestimmbarer Grenzen anders verhalten. Auch zeigen einige Menschen ein engeres Repertoire an Verhaltensmöglichkeiten, während andere über ein breiteres Spektrum verfügen.

Hier soll deshalb davon ausgegangen werden, dass auch Sie einen persönlichen Stil der Konfliktlösung haben. Dieser Stil lässt sich als Neigung beschreiben, Konflikte tendenziell in einer bestimmten Form anzugehen. Wie flexibel oder rigide diese Neigung ist, das können Sie selbst beurteilen, aber hier besteht die Möglichkeit, auszuloten, wie die Konfliktlösestrategien charakterisiert sind und welche Folgen bei unterschiedlichen Konfliktstilen zu bedenken sind.

In diesem Abschnitt lernen Sie zunächst unterschiedliche Konfliktstile kennen und Sie erhalten ein Instrument, mit dem Sie Ihren eigenen Konfliktstil und in akuten Konfliktsituationen den Stil Ihrer Konfliktpartner einschätzen können. Dies ist vor allem dann für Teamleiter hilfreich, wenn mehrere Teammitglieder in einen Konflikt involviert sind.

Zwei Orientierungsrichtungen im Konflikt

Bei der Lösung von Konflikten geht es den beteiligten Parteien darum, eigene Ziele durchzusetzen, denn wären die vertretenen Ziele identisch, käme es nicht zum Konflikt. Ein Wesensmerkmal des Konfliktes ist also die wahrgenommene Unvereinbarkeit der Ziele.

Die Lösung bahnt sich erst an, wenn alle beteiligten Konfliktpartner die Erreichung ihrer Ziele für möglich halten. Dazu ist oft erhebliche Arbeit – auch an den Zielvorstellungen der Konfliktpartner – erforderlich. Ein erstes Unterscheidungsmerkmal im Konfliktverhalten von Menschen besteht darin, wie sehr sie darauf beharren, ihre eigenen Ziele zu erreichen, und wie stringent sie bei der Verfolgung ihrer Ziele vorgehen. Nennen wir diese Dimension Zielorientierung.

Ein anderer wesentlicher Aspekt von Teamkonflikten betrifft die Beziehungen der beteiligten Menschen untereinander. Auch hier zeigen sich Unterschiede im Konfliktverhalten, weil einige stärker als andere daran interessiert sind, Meinungen, Interessen oder Motive der Gegenposition zu verstehen und zu berücksichtigen. Das Ausmaß dieser Ausprägung beschreibt die Dimension Beziehungsorientierung, da es um die Frage geht, wie sehr einem daran gelegen ist, eine harmonische Beziehung zum anderen zu haben.

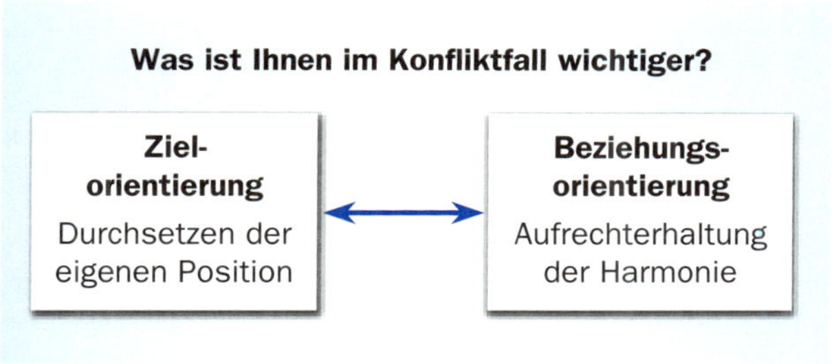

Zwei Orientierungsrichtungen im Konflikt

Die vier Konfliktstile und ihre Wirkung

Berücksichtigt man beide Dimensionen gleichzeitig, kann man einen Raum aufspannen, in dem man vier unterschiedliche Konfliktstile verorten kann, je nachdem, wie stark die Ziel- und Beziehungsorientierung ausgeprägt sind:

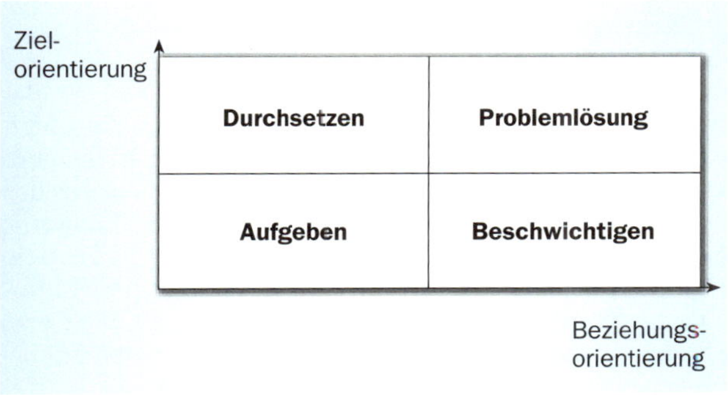

Die vier Konfliktstile

Konfliktstil „Aufgeben"

Kapitulation bedeutet, dass eine Person bewusst die Auseinandersetzung meidet. Hier findet ein Rückzug statt, bei dem eigene Ziele weder aktiv verfochten noch verfolgt werden. Gleichzeitig wird aber auch kein Versuch unternommen, die Beziehung zur anderen Konfliktpartei herzustellen oder zu erhalten („Ich kann das nicht“ oder „Es hat eh keinen Zweck“).

Konfliktstil „Durchsetzen“

Dieser Konfliktstil ist dadurch gekennzeichnet, dass die Person vorrangig an der Durchsetzung der eigenen Interessen und der eigenen Position interessiert ist. Die Interessen und Bedürfnisse der anderen Konfliktpartei werden kaum beachtet. („Der/die muss doch …“)

Konfliktstil „Beschwichtigen“

Dieser Konfliktstil orientiert sich in erster Linie an der guten Beziehung zum Gesprächspartner – mit dem Ziel, Spannungen zu vermeiden. Zur Erhaltung oder Erreichung von Harmonie werden allerdings notfalls auch die eigenen inhaltlichen Ziele geopfert und umfassende Zugeständnisse gemacht („Wenn Sie das möchten“).

Konfliktstil „Problemlösen“

Beim Problemlösen geht es darum, im Dialog die unterschiedlichen Argumente auszuloten und eine tragfähige Lösung zu erarbeiten. Eigene Ziele werden dabei nicht aus den Augen verloren, der Versuch, eine tragfähige Beziehung zum Konfliktpartner zu halten, ebenfalls nicht. Dabei ist auch ein Kompromiss denkbar und akzeptabel, wenn er die Voraussetzung für bessere zukünftige Lösungen bietet. Wir gehen erst später auf die Frage ein (S. 113), ob man diesen Stil bevorzugen sollte.

Mit dem anschließenden Fragebogen können Sie Ihren eigenen Konfliktstil erheben. Sensibilisieren Sie vorab noch Ihre Wahrnehmung der einzelnen Stile, indem Sie die Fragen der Übung beantworten!

Übung

1. Wenn Sie an Personen aus Ihrem Umfeld denken, die den Stil „Beschwichtigen“ zeigen, wie viele davon sind Männer, wie viele davon sind Frauen? Gibt es geschlechtstypische Unterschiede zwischen den Konfliktstilen?
2. Überlegen Sie, wie eine Person mit dem Konfliktstil „Durchsetzen“ wahrscheinlich auf Personen reagiert, die selber „Durchsetzen“ ausüben, die „Beschwichtigen“, die „Problemlösen“ oder die den Stil „Aufgeben“ zeigen.

Den folgenden Fragebogen können Sie auf verschiedene Art und Weise verwenden, nämlich

1. … um eine vergangene Konfliktsituation daraufhin zu überprüfen, welchen Konfliktlösestil Sie bevorzugt haben. Dazu sollten Sie sich eine Situation aus der Vergangenheit vergegenwärtigen.
2. … um in zukünftigen Konfliktsituationen zu überprüfen, welche Tendenzen bei Ihnen am stärksten ausgeprägt sind. Das Ergebnis kann Ihnen dann Unterstützung bieten, um bewusster zu wählen, wie Sie sich verhalten wollen.
3. … um eine andere Person einzuschätzen – beispielsweise einen Mitarbeiter oder einen Kollegen. Dazu sollten Sie die Person aber gut kennen, damit Sie den Fragebogen aufgrund Ihrer Erfahrung sozusagen stellvertretend für diese Person ausfüllen.

Lesen Sie die Aussagen des Fragebogens durch und bewerten Sie jede Aussage.

Vergeben Sie (wie bei den bisherigen Fragebögen)
eine 0, wenn Sie der Aussage überhaupt nicht zustimmen,
eine 1 für eine schwache Zustimmung,
eine 2 für mittlere Zustimmung und
eine 3 für starke Zustimmung.

Meinungen und Aussagen zum Konflikt

1. Die gute Zusammenarbeit ist mir wichtiger als das Erreichen meiner persönlichen Ziele.
2. Ich gehe dem Konflikt bewusst aus dem Weg und beschäftige mich mit anderen Dingen.
3. Das Anliegen der anderen Person ist mir nicht wichtig. Sie kann und soll für sich selbst sorgen.
4. Ich betone Positives und die gemeinsame Zukunft, statt Probleme und Vergangenes zu wiederholen.
5. Im Konfliktfall versuche ich die Situation durch einen Scherz zu entspannen.
6. Ich denke, dass der Konflikt sich automatisch in einiger Zeit gelöst hat.
7. Ich arrangiere die Situation oft so, dass die Fakten die Durchsetzung meiner Position ermöglichen.
8. Ich bin an einer gemeinsamen Lösung interessiert und gebe das stets zu verstehen.
9. Bevor es zu einer heftigen Auseinandersetzung kommt, verzichte ich lieber auf „meinen Anteil".
10. Ich meide die Person, mit der ich einen Konflikt habe.
11. Wenn ich meine Forderung nicht durchsetzen kann, drohe ich Folgen für den anderen an.
12. Ich bin bereit, im Konflikt ein Stück entgegenzukommen, gebe meine Position aber nicht vollständig auf.
13. Im Zweifelsfall kümmere ich mich lieber selbst um Dinge, damit kein Streit entsteht.
14. Ich verzichte darauf, mein Anliegen weiterzuverfolgen, damit die Situation sich nicht verschärft.
15. Ich rücke nicht um der Harmonie willen von meiner Position ab.
16. Ich spreche lieber über ein Problem, als es auszusitzen und auszuschweigen.
17. Ich bin der Meinung, ich sollte häufiger „Nein" sagen.
18. Bevor ich einen starken Konflikt riskiere, ändere ich lieber meine Einstellung.
19. Ich versuche meine Forderung durchzusetzen.
20. Ich erkenne Spannungen früh und gehe sie bewusst an, wenn ich die Notwendigkeit erkenne.

Auswertung:

1. Zählen Sie die Punkte der Fragen zusammen, die neben dem jeweiligen Stil aufgeführt sind.
2. Übertragen Sie die Ergebnisse in die Auswertungstabelle und tragen Sie rechts jeweils einen Punkt in das betreffende Kästchen ein. Durch Verbinden erhalten Sie das Profil.

Summe der Punkte = von 1,5,9,13,17	**Beschwichtigen**					5					10					15
Summe der Punkte = von 2,6,10,14,18	**Aufgeben**					5					10					15
Summe der Punkte = von 3,7,11,15,19	**Durchsetzen**					5					10					15
Summe der Punkte = von 4,8,12,16,20	**Problemlösung**					5					10					15

Die folgenden Fragen können Ihnen bei der Auswertung Ihres Profils helfen:

1. Ist das Profil situationsspezifisch oder typisch für Sie?
2. Entspricht Ihr am stärksten ausgeprägter Konfliktstil Ihrer persönlichen Präferenz in der Situation oder im Allgemeinen?
3. Überlegen Sie sich für den am schwächsten ausgeprägten Stil, in welcher Situation er sinnvoll sein könnte.
4. In der folgenden Liste sind die Merkmale des Stils „Problemlösung“ noch einmal zusammenfassend dargestellt. Überlegen Sie, welche Merkmale Sie bereits umsetzen und welche Sie noch nicht beachtet haben.

Kennzeichen eines lösungsorientierten Konfliktstils

Der persönliche Konfliktstil stellt den Ausgangspunkt dar, von dem aus sich Menschen auf unterschiedliche Weise bevorzugt dem Konflikt nähern. Die Sensibilität für die eigenen charakteristischen Schwierigkeiten, die mit jedem Stil verbunden sind, aber jeweils anders ausfallen, gibt persönliche Hinweise, worauf man besonders achten kann, um nicht in alte Fallen zu tappen. Darüber hinaus sollte man aber unabhängig vom persönlichen Konfliktstil solche Verhaltensmuster und -strategien aufbauen, die geeignet sind, Lösungen zu befördern und einen Konsens zu beschleunigen. Dazu können Sie ganz bewusst darauf achten, folgendes Verhalten häufiger als bisher zu zeigen:

- Betonen Sie positive Reaktionen des anderen, streichen Sie Erreichtes heraus und rufen Sie hin und wieder die gemeinsamen (!) Ziele in Erinnerung.
- Unterlassen Sie unbedingt, „verjährte“ Probleme und bereits geklärte Konflikte erneut zur Sprache zu bringen.
- Zeigen Sie sich offen derart, dass Sie Ihr Interesse an einer gemeinsamen Lösung sprachlich und körpersprachlich zum Ausdruck bringen.
- Vertreten Sie Ihre eigene Position mit gut begründeten Argumenten.
- Räumen Sie Zugeständnisse ein, wenn damit ein Kompromiss erreicht werden kann. Kalkulieren Sie dabei auch die langfristigen Wirkungen und Folgen, nicht nur den kurzfristigen Gewinn und Verlust.
- Bevor Sie eine Konfliktlösung angehen, nehmen Sie sich Zeit, darüber nachzudenken, wie Sie selber zum Konflikt beitragen und ob eine Lösung allein durch die Veränderung Ihrer inneren Einstellung und/oder bestimmter Verhaltensweisen zu erwarten ist.
- Gehen Sie Probleme an, wenn sie sich andeuten. Es erweist sich als ökonomisch, den kleinen Konflikt zu suchen, um den großen zu vermeiden. Probleme aus Unwissenheit oder Ängstlichkeit aufzuschieben, rächt sich darin, dass der zu lösende Konflikt größer und kräftezehrender wird.
- Aussitzen/Abwarten sind Strategien, die kurzfristig bewusst eingesetzt werden, weil man kalkuliert, dass durch die entstehende Spannung eine Lösung effektiver erreicht werden kann.
- Über Probleme wird gesprochen. Einerseits, wenn sie erkannt werden, andererseits, wenn sie an einen he-

rangetragen werden. Als Teamleiter fühlen Sie sich in der Verantwortung – deshalb handeln Sie.

- Sie sind sich der situativen Wirksamkeit unterschiedlicher Konfliktstile bewusst. Es gibt keine Ideologie, deshalb arbeiten Sie daran, Flexibilität im Verhalten aufzubauen, und bringen unterschiedliche Strategien zum Einsatz, wenn es die Konfliktlösung erfordert.

Das Zusammenspiel von Grundposition, Konfliktstil und Situation

Nachdem Sie nun mit Ihrem Konfliktstil vertraut sind, vielleicht sogar erkannt haben, dass es eine von Ihnen besonders präferierte Rolle gibt, soll nun der Bezug zu den Grundpositionen hergestellt werden. Wir haben festgestellt, wie wesentlich die Grundhaltung ist, aus der heraus gehandelt wird. Es verwundert wahrscheinlich nicht, dass Grundposition und Konfliktstil zusammenhängen.

Ich bin (wir sind) o.k. Du bist (ihr seid) o.k.	→	**PROBLEMLÖSEN**
Ich bin (wir sind) nicht o.k. Du bist (ihr seid) nicht o.k.	→	**AUFGEBEN**
Ich bin (wir sind) o.k. Du bist (ihr seid) nicht o.k.	→	**DURCHSETZEN**
Ich bin (wir sind) nicht o.k. Du bist (ihr seid) o.k.	→	**BESCHWICHTIGEN**

Grundhaltungen und Konfliktlösestil

Grundposition und Konfliktlösestil sind nicht identisch. Kennt man die Grundposition, kann man zwar erwarten, dass ein bestimmter Konfliktlösestil bevorzugt wird. Umgekehrt gilt dies aber nicht. Beobachtet man bei einer anderen Person einen bestimmten Konfliktlösestil, kann man nicht auf die Grundposition schließen!

Auch wenn es naheliegt, den Konfliktlösestil „Problemlösung“ als den überlegenen zu charakterisieren, ist dies nicht

unbedingt sinnvoll. Es hängt stark von der Situation ab, welcher Verhaltensstil angemessen ist.
Bei der Einführung der vier Konfliktlösestile wurden bewusst zugespitzte Formulierungen verwendet, um Tendenzen und Unterschiede stärker zu konturieren und um Hilfestellung zu geben, eigene Tendenzen deutlicher zu erkennen. Wenn es allerdings darum geht, allen vier Stilen je nach Situation einen Wert zuzuschreiben, dann ist es notwendig, die Stilbeschreibungen neutraler umzuformulieren.

Konfliktlösestil	**Neutrale Verhaltensbeschreibung**
Problemlösen	Gemeinsame Lösungssuche
Durchsetzen	Einfordern und vorgeben
Beschwichtigen	Mitmachen
Aufgeben	Es sich entwickeln lassen

Neutrale Beschreibung der Konfliktlösestile

Auf diese Weise gelingt es leichter, die vier verschiedenen Stile wertneutraler zu betrachten und anzuerkennen, dass es Situationen im beruflichen Alltag gibt, die den einen oder anderen Verhaltensstil zweckmäßiger erscheinen lassen.
In Konflikten und mehr noch in allgemeinen beruflichen Situationen ist Flexibilität in Bezug auf die Wahl des Stils konfliktmindernd und häufig konfliktvermeidend.

Übung

1. Suchen Sie für jede der oben dargestellten vier neutralen Verhaltensbeschreibungen berufliche Situationen aus Ihrem Alltag (nicht unbedingt Konfliktsituationen!), in denen dieser Stil zumindest vorübergehend sinnvoll ist.
2. In welchen Konfliktsituationen (Tipp: Eskalationsstufe) ist es kontraproduktiv, gemeinsam nach Lösungen zu suchen?
3. Welche Konfliktsituationen legen es nahe, (zeitweise) „mitzumachen“ oder (zeitweise) „laufen zu lassen“?

5.3 Das Gespräch zur Konfliktlösung

Haben Sie die Entscheidung getroffen, dass ein Gespräch mit dem Konfliktpartner geführt wird, dann ist es hilfreich, einen Fahrplan zur Gesprächsgestaltung zu besitzen.
Plant man ein Gespräch Punkt für Punkt, dann besteht jedoch die Gefahr, dass man vorgegebene Stationen strikt abarbeitet und sich nicht auf den dialogisch-spontanen Verlauf einlassen kann. Die Sicherheit, die standardisierte Ablaufmuster für Konfliktgespräche bieten, wird zum Preis geringer Vorgehens-Flexibilität erkauft und resultiert in einer hohen Versachlichungstendenz des Gesprächsklimas, die selten gewünscht ist. Deshalb wird hier der Vorschlag gemacht, einige einflussreiche Navigationshilfen zu bedenken (Seite 116/117), die von grundsätzlicher Bedeutung sind, um schwierige Gespräche konstruktiv zu gestalten. Wie auch immer Sie also den Verlauf des Gesprächs gestalten, obliegt Ihrer eigenen Entscheidung, aber wenn Sie auf die vorgeschlagenen Navigationshilfen achten, werden Sie die Erfolgsaussichten der Konfliktlösung erhöhen und haben dennoch den Vorteil erhöhter Freiheit im Vorgehen.
Berkel schlägt ein sechsstufiges Modell zur Durchführung kooperativer Konfliktgespräche vor, dass ich den Lesern zur vertieften Lektüre empfehle, die sich trotz meiner Argumentation mit einem strukturierten Gesprächsplan sicherer fühlen.

5.4 Kommunikationstechniken im Konfliktgespräch

Wenn es darum geht, im Dialog die Lösung des Konfliktes zu erarbeiten, dann sollte man einige Kommunikationstipps beachten, die geeignet sind, ein gemeinsames Ergebnis mit höherer Wahrscheinlichkeit anzubahnen.
Die Dialogsituation lässt sich theoretisch mit dem bekannten Sender-Empfänger-Modell (S. 118) gut beschreiben.

Navigationshilfen für schwierige Gespräche

Vorbereitet sein

Zur Vorbereitung gehört, dass man das eigene Gesprächsziel klärt und abwägt, was thematisch zum Gespräch gehört. Das verhindert ein Abdriften und den Verlust der Kontrolle. Außerdem werden die ICH-DU-WIR-Anteile des Gesprächs eindeutig: ICH erwarte, dass DU „X“ tust, weil es zu „Y“ für mich führt. Wenn DU „X“ tust, haben WIR gemeinsam den Vorteil „Z“. Die Klärung dieser Formel präzisiert die eigene Sprache.

Emotionsmanagement

Die Eskalation der Gefühle im Konfliktgespräch kann man am besten beeinflussen, wenn man seine eigenen Gefühle kontrollieren kann.

Führen Sie ein Gespräch nur, wenn Sie wirklich Änderungshoffnung haben. Beachten Sie die Wahl des Zeitpunktes und Ihre Atmung. Überhören Sie kleine Spitzen und unproduktive Bemerkungen. Handeln Sie nicht aus Rache.

Machteinsatz zurückstellen

Als Vorgesetzter hat man die Macht zu drohen. Ist dies dem Mitarbeiter bekannt und man verzichtet dennoch so lange wie möglich darauf, sie zu nutzen, stärkt das die Vertrauensbasis. Besitzt man keine Macht zu drohen, dann ist es unsinnig und lächerlich, dies zu tun. Sanktionsmacht aufzubauen ist also unabdingbar für einen Teamleiter.

Kleine Schritte zum Erfolg honorieren

Zu große Erfolgserwartungen im Gespräch frustrieren. Erkennen und loben Sie hörbar die kleinen Bodengewinne wie: dass man einander Positionen mitteilt, dass zugehört wird, dass man sich ausreden lässt, dass man aufeinander eingeht. So kultivieren Sie eine konstruktive und entspannende Gesprächsatmosphäre.

Auf Zeit setzen
Je länger die Geschichte eines Konfliktes, desto mehr Zeit sollte man für die Lösung ansetzen. Statt alles „in einem Abwasch" klären zu wollen, setzt man auf gestufte Gespräche zunehmender Schärfe. Erst einmal informieren, bei ausbleibender Veränderung Enttäuschung signalisieren, bei unveränderter Lage drohen. Dazu gehört auch, dass man Gespräche ohne Einigung abbrechen kann, wenn alles gesagt ist. So lässt man die Zeit für sich arbeiten.

Einbinden
Verändert man in seiner Sprache den relativen Anteil von Fragen und Aussagen zugunsten der Fragen, bindet man den Gesprächspartner ein. Ergänzt man Zuhören, Aussprechen lassen und Eingehen auf Gesagtes, entsteht ein Dialog. Fragen Sie konkret, welche Lösung der andere vorschlägt, wie und ob er sich an ihr beteiligen wird.

Vorbild sein
Es ist leichter, Gesprächspartner zur Offenheit zu bewegen, wenn man selbst mit Beispiel vorangeht. Das gleiche gilt für das Bekunden von Interesse, das Eingeständnis von Schwächen und inhaltliches Entgegenkommen.

Ergebnisse festhalten
Zugeständnisse, Vereinbarungen, Absprachen, Einigungen etc. sollten am Ende des Gesprächs unbedingt festgehalten und auf deckungsgleiches Verständnis der Parteien geprüft werden, um in späteren Gesprächen auf sie aufbauen zu können und um von gleichen Erwartungen ausgehen zu können.

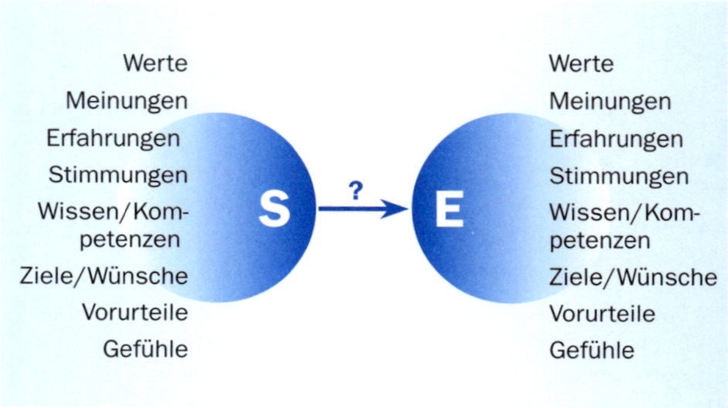

Sender-Empfänger-Modell

Ableitungen aus dem Sender-Empfänger-Modell

So einfach dieses Grundmodell ist, wirft es doch wesentliche Fragen der Kommunikation auf, die bei der Bearbeitung von Konflikten, d.h. in Konfliktgesprächen, nicht unbeachtet bleiben können:

1. Im Dialog mit dem Gesprächspartner sendet der eine und der andere empfängt. Die Rollen wechseln im Dialog ständig ab.
   Die Ausgewogenheit der Redeanteile gibt Aufschluss über die Dialogqualität. Man kann darauf achten und man sollte anstreben, dass der natürliche Wechsel von Sender und Empfänger einen verhältnismäßigen Ausgleich erfährt. Wenn einer nur redet und der andere nur zuhört, dann ist kaum zu erwarten, dass beide Seiten das Konfliktgespräch als gut bewerten.
2. Was der Sender übermittelt, muss erst vom Empfänger dekodiert werden. In diesem Prozess ist die Gefahr des Missverständnisses grundsätzlich nicht auszuschließen.
   Indem man hin und wieder nachfragt, wie, nicht ob der andere einen verstanden hat, und indem man sehr genau zuhört, was der Gesprächspartner aus dem herausgefil-

tert hat, was man mitgeteilt hat, minimiert man die Gefahr von Missverständnissen.

3. Wie jemand sendet, wird stark von den Eigenschaften des Senders abhängen. Die Sendeeigenschaften beeinflussen den Empfang.
   Das Profil des Empfängers (Werte, Meinungen, ...) bestimmt, wie man eine Nachricht verpacken muss, damit sie von diesem verstanden und verarbeitet werden kann. Egal was man meint und wie man es meint, entscheidend ist, was der Empfänger versteht. Deshalb ist es wichtig: Die Sendeeigenschaft zu verändern, verändert den Empfang der Botschaft.
4. Wie jemand empfängt und was er empfängt, hängt von den Eigenschaften des Empfängers ab. Dieselbe Sendung kommt bei verschiedenen Empfängern unterschiedlich an.
   Der Empfang fällt leichter, wenn man entspannt, offen, interessiert, neugierig, motiviert ist. Wenn man daran arbeitet, den Empfänger in diesen Zustand zu bringen, dann erhöht man also dessen Empfangsqualität. Es ist verschwendete Mühe, wichtige Botschaften zu senden, solange der Gesprächspartner angespannt, verschlossen, desinteressiert und unmotiviert ist.
5. Sender und Empfänger sind grundsätzlich voneinander getrennt.
   Im Konflikt wird uns dies rasch in der Wahrnehmung bewusst, dass der andere verschieden von uns ist. Konfliktlösung bedarf aber der Gemeinsamkeit in Bezug auf Ziele, Wünsche, grundlegender Vorstellungen zum Verhalten etc. Alles, was objektiv Gemeinsamkeit statt Unterschiedlichkeit betont, dient der Konfliktlösung.

Missverständnisse erkennen und ihnen vorbeugen

Es gibt eine ganz einfache Möglichkeit zu überprüfen, ob man einander richtig versteht: Man fragt ganz einfach nach, und zwar, indem man neugierig fragt, wie der andere einen verstanden hat. Fragen signalisieren grundsätzlich Interesse und Gesprächsbereitschaft. Hier einige Tipps, die Sie beachten können:

- Fragen Sie lieber einmal mehr oder zur Sicherheit nach, um zu überprüfen, ob Sie selbst etwas so verstanden haben, wie es gemeint war.
- Stellen Sie Fragen, um die Sichtweise des anderen zu erkunden. Gehen Sie davon aus, dass der andere aus genau dieser Sicht heraus handelt.
- Fragen Sie nach. Erkunden Sie die Details der Sicht des anderen. Das hilft Ihnen, die eigene Reaktion besser abzustimmen.
- Vermeiden Sie Suggestivfragen, in denen Sie die Antwort bereits vorgeben, oder Mehrfachfragen, bei denen Sie nicht steuern können, worauf der andere reagiert.
- Wenn Substantive wie Konflikt, Schwierigkeiten, Qualitätsprobleme usw. verwendet werden, stellt Nachfragen sicher, dass Sie die Bedeutung so verstanden haben, wie es der Gesprächspartner meint.
- Geizen Sie nicht mit Persönlichem – geben Sie etwas von sich preis. Sich selbst zu öffnen wirkt auf den Gesprächspartner einladend.
- Lernen Sie zu schweigen. Warten Sie ab, insbesondere, wenn Sie eine Frage gestellt haben. Vielleicht verpassen Sie sonst die Antwort.

Botschaften senden, die gut ankommen

Fragen stellen, zuhören, auf den Gesprächspartner eingehen, Kompromissbereitschaft signalisieren, all das sind Beispiele für Botschaften, die gut ankommen. Sie werden in diesem Abschnitt dargestellt. Andere Aspekte haben weniger mit der Sprache oder mit dem Gesprächsverlauf zu tun, sind aber dennoch unbedingt zu erwähnen:

- Die Atmosphäre, in der die Konfliktlösung angebahnt wird, ist beispielsweise ein entscheidender Faktor, der auch durch Äußerlichkeiten beeinflussbar ist. Dazu gehören: die Wahl des Zeitpunkts des Gesprächs, der verfügbare Zeitrahmen, die Raumatmosphäre, die Abschot-

tung von Störungen, anwesende Dritte, Folgen bei Konsens/Nichtkonsens etc.
- Gesten und Mimik kommentieren all das, was man mitteilt. Künstlichkeit und innere Widersprüche spiegeln sich entsprechend in Widersprüchen zwischen dem, was man sagt, und dem, wie es gesagt wird. Wer in sich stimmig ist und ehrlich zu dem steht, was er sagt, wirkt überzeugender.

Wie man den eigenen Empfang optimieren kann

Sender und Empfänger wechseln ständig im Dialog. Ist man selber in der Rolle des Empfängers, wird die Fähigkeit zuzuhören besonders wichtig. Tipps, die Sie beachten können:
- Bemühen Sie sich, bewusst zuzuhören. Das heißt, dass man sich konzentriert und nicht sofort daran denkt, selber wieder zu sprechen.
- Bemühen Sie sich, den Gesprächspartner aussprechen zu lassen. Auf Unterbrechungen reagieren Menschen sehr sensibel.
- Kontrollieren Sie Ihre Atmung. Bemühen Sie sich, ruhig zu bleiben, vor allem bei Angriffen und Provokationen.
- Reagieren Sie nicht sofort mit Bewertungen oder Abwertungen dessen, was der andere soeben gesagt hat.
- Üben Sie, Provokationen und Sticheleien bewusst überhören zu können, um selber die Gesprächsatmosphäre zu entspannen.
- Ziehen Sie keine vorschnellen Schlüsse. Warten Sie erst ab und fragen Sie sicherheitshalber noch einmal nach.
- Seien Sie nicht zu erwartungsvoll. Gehen Sie offen und optimistisch in den Dialog.

Was man tun kann, damit Gemeinsamkeiten statt Unterschiede betont werden

Unterschiede trennen, Gemeinsamkeiten verbinden. Wenn man einen Konflikt lösungsorientiert angehen will, dann sollte man diesen Grundgedanken verinnerlichen. Folgende Strategien können Sie anwenden:

- Entschleunigen Sie den Kommunikationsprozess. Ruhe durch Zuhören, Pausen, Schweigen, Nachfragen, ausreden lassen erhöht die Wahrscheinlichkeit der Deeskalation in schwierigen Situationen.
- Bemerken Sie positiv, wenn sich etwas in Richtung auf eine gemeinsame Lösung zubewegt. Sprechen Sie es an und loben Sie.
- Verlieren Sie Ihr Ziel nicht aus den Augen. Deeskalation und Lösung bestimmen die Wahl Ihrer Reaktionen. Wenn man nicht vorankommt, der Konfliktpartner sich starr zeigt, braucht es dazu viel Disziplin.
- Üben Sie sich darin, loszulassen statt zu wollen. Die gemeinsame Konfliktlösung erfolgt viel leichter, wenn man nicht stur seine Ziele durchsetzen will.
- Vermeiden Sie Pedanterie, den anderen auf Gesagtes oder genaue Definitionen festzunageln, ihn zu korrigieren. Das verschärft die Situation.
- Vereinbaren Sie gegebenenfalls Redezeiten. Dadurch stellen Sie sicher, dass jeder Gerechtigkeit in Bezug auf die verfügbare Zeit erlebt.

In Abschnitt 4.4/Tabelle auf Seite 92 wurden die Eskalationsstufen vorgestellt, in denen sich ein Konflikt entwickeln kann. Nachfolgend finden Sie Warnsignale zum Konfliktgespräch, auf die Sie deeskalierend reagieren müssen!

5.5 Verhandlungsgeschick als Lösungskompetenz

Das Zusammenspiel der unterschiedlichen Lösungskompetenzen

In den vorangegangenen Kapiteln und Abschnitten haben Sie zahlreiche Werkzeuge kennen gelernt, die Ihnen helfen, Teams besser zu verstehen, Konflikte zu durchleuchten und zu lösen. In diesem Abschnitt wird ein weiteres Werkzeug, Taktiken der Verhandlungskompetenz, vorgestellt, das Ihren Werkzeugkoffer vervollständigt. Die folgende Übersicht veranschaulicht den Gedanken, dass alle in diesem Buch besprochenen Themen ineinandergreifen. So führen Schwächen in einem Bereich zwangsläufig zu Einschränkungen bei der erfolgreichen Konfliktbearbeitung.

Der Einsatz aller Werkzeuge muss geübt werden, damit diese Zusammenhänge verstanden werden und damit Sie auch Ihre Intuition ausbilden, zu erkennen, wann der rechte Zeitpunkt für den Einsatz bestimmter Techniken ist, ferner damit Sie merken, wie viel Aufmerksamkeit jedes dieser Werkzeug im Einzelfall erfordert.

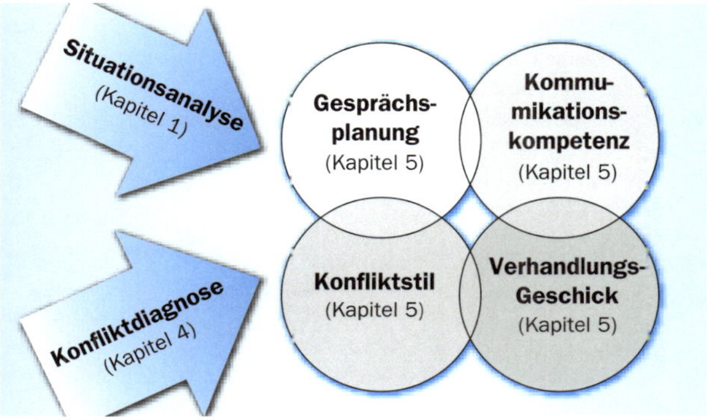

Werkzeugkasten der Konfliktbearbeitung

> Verhandlungsgeschick ist eine Kompetenz, die unverzichtbar ist, da es bei der Lösung von Konflikten um das Aushandeln verschiedener Standpunkte geht.

Insofern rundet dieser Abschnitt das Vorausgegangene ab.

Verhandlungsstrategien

Auf Seite 112 haben Sie den Konfliktstil „Problemlösung" kennen gelernt und erfahren, woran man ihn erkennt. Dieser Stil erfordert die höchste Flexibilität. Die Kommunikationstechniken aus diesem Kapitel werden nun um einige überge-

Vorsicht, Eskalation!

Das Konfliktgespräch soll einen Konflikt lösen helfen. Damit es „nicht nach hinten losgeht", beachten Sie die Warnsignale einer Eskalation.

1. Vermeiden Sie selbst die im Folgenden genannten Verhaltensmuster und

2. lassen Sie sich nicht durch Ihren Gesprächspartner mit einem solchen Verhaltensmuster provozieren!

Verallgemeinerungen und Vereinfachungen

„Du machst immer ..."/„Sie machen immer ..."/
„Du hast ja nie ...",/„Sie haben ja nie ...",
„Du wirst noch alle ..." / „Sie werden noch alle ..."
All das sind Beispiele für Verallgemeinerungen und Vereinfachungen. Solche Aussagen zwingen den Gesprächspartner in eine Verteidigungshaltung, in der er/sie die Verallgemeinerung korrigieren möchte.

Verzerrungen

Verzerrte Darstellungen aus Unwissenheit können schnell versehentlich passieren. Durch Entschuldigungen, Nachfragen, Klären lässt sich so etwas ausräumen.
Hier sind andere Formen gemeint. Solche, bei denen der Sprecher bewusst zuspitzt, stichelt oder einseitig darstellt, um eine Reaktion zu provozieren. Man neigt schnell zu diesem Verhalten, wenn man merkt, dass der andere schwer aus der Reserve zu locken ist.

Drohen

Die Gefahr, Drohung als potenzielle Reaktion zu wählen, steigt, wenn man qua Funktion die Möglichkeit dazu hat oder wenn man sich auf gleicher Ebene befindet. Drohungen lösen unmittelbare Verhärtungen der Positionen aus. Das sollte nur im Ausnahmefall auf den höchsten Eskalationsstufen, und wenn man Macht hat, eingesetzt werden.

Herabsetzen und lächerlich machen

Argumente des Konfliktpartners nicht ernst nehmen, seine Aussagen als *„Quatsch…“*, *„Gibt's nicht …“* o.Ä. herabzusetzen oder sie gar zu verlachen, frustriert den anderen und verschlimmert die Situation.

Vorwürfe

Es wird kaum notwendig sein, besonders zu begründen, dass Vorwürfe ausgezeichnet geeignet sind, Konflikte zu verschärfen. Vorwürfe reizen zu Gegenvorwürfen. Sie schreiben dem anderen Schuld zu. Der Sender geht schuldfrei aus. Das kann keine akzeptable Gesprächsgrundlage sein.

Psychologisieren

„Sie machen das bestimmt, weil …“, „Ich kann verstehen, in Ihrer Situation muss man ja …“ Solche Formulierungen setzen voraus, dass der Sprecher den anderen kennt. Sie hinterfragen nicht, sondern behaupten etwas. In Konflikten erhöhen sie das Spannungspotenzial. Selbst wenn so geäußerte Vermutungen richtig sind, ist ihre Wirkung negativ.

ordnete Strategien ergänzt. Konkret sind es 14 Teilstrategien, die Sie einsetzen können, um sich lösungsorientiert und konstruktiv in Konflikten zu verhalten.
Die Strategien im Überblick:

- Beharrlich in den Zielen und flexibel in der Strategie
- Respekt gegenüber dem Konfliktpartner
- Machtkämpfe zahlen sich nicht aus
- Die Position des Konfliktpartners einnehmen
- Argumente und Personen geistig trennen
- Das Terrain erkunden
- Langfristige Folgen bedenken
- Vorbereitung zahlt sich aus
- Ein gutes Modell für den anderen sein
- Objektive Kriterien zur Ergebnisbeurteilung finden
- Gemeinsame Interessen herausarbeiten
- Bessere Lösungen durch mehr Alternativen
- Argumente sukzessiv vorbringen
- Realistische Ziele anstreben

Seien Sie beharrlich, aber flexibel!
Die Forderung klingt im ersten Moment widersprüchlich. Der Widerspruch lässt sich aber auflösen:

> Beharrlichkeit bezieht sich auf die Ziele, die man verfolgt; Flexibilität bezieht sich auf die Strategie, mit der man die Verfolgung der Ziele anstrebt.

Verlieren Sie Ihr Ziel nicht aus den Augen, aber verändern Sie Ihre Strategie zur Zielerreichung, wenn Sie feststellen, dass Ihr geplantes Vorgehen Sie dem Ziel nicht näher bringt.
In der Praxis kann man gerade das umgekehrte Vorgehen häufiger beobachten: Viele Menschen verändern ihr Ziel unnötigerweise und zeigen sich in ihrer Verhandlungsstrategie starr und unbeweglich.

Behandeln Sie die Konfliktpartner mit Respekt!
Ein einfaches Rezept für eine gute Beziehung zu Verhandlungspartnern ist es, den anderen den Respekt entgegenzu-

bringen, den man selbst erwartet. Gehen Sie davon aus, dass die Konfliktpartner daran interessiert sind, ein positives Ergebnis für sich zu erreichen. Es ist legitim, den individuellen Nutzen zu maximieren. Jeder handelt aus seinem persönlichen Bezugsrahmen und seinen persönlichen Systemzwängen heraus.

> Erst wenn Ihre persönlichen Interessen dadurch auf unakzeptable Weise eingeschränkt werden, sollten Sie dies deutlich zu verstehen geben.

Wenn Sie dem anderen im Konflikt mit Respekt begegnen, dann erwerben Sie sich das Recht, auch selber mit Respekt behandelt zu werden.

Vermeiden Sie Machtkämpfe!

Machtkämpfe und Kraftproben führen meist nur zu kurzfristigen Siegen. Im Konfliktfall sind sie kontraproduktiv, vor allem auf längere Sicht. Denn kein Verhandlungspartner wird es hinnehmen, wenn er als Verlierer das Spielfeld verlässt. Er wird die nächste sich bietende Gelegenheit ergreifen, sich auf seine Art zu revanchieren.

> Selbst in einer Position absoluter Stärke sollte man Machtkämpfe vermeiden. Versuchen Sie vielmehr auf der Basis sachlicher Argumente und einer überzeugenden geduldigen Argumentation Zustimmung zu erzielen.

So lassen sich Entscheidungen gemeinsam tragen und langfristig konstruktive Beziehungen herstellen.

Versetzen Sie sich in die Position des Konfliktpartners!

Das persönliche Verhandlungsgeschick hängt vielleicht am stärksten davon ab, wie es gelingt, sich in das Denken des Verhandlungspartners zu versetzen.

> Je besser es Ihnen gelingt, die Ziele, Motive, Strategien und Zwänge des Verhandlungspartners zu verstehen,

desto besser ist die Ausgangsposition, die eigene Verhandlungsstrategie anzupassen.

Das bedeutet noch nicht, dass man seine eigenen Ziele aufgibt. Kann man sich in die Position des Verhandlungspartners versetzen, dann bedarf es nur noch der nötigen Flexibilität, um seine Strategie auch zu verändern, bis man merkt, dass sie das Erreichen des angestrebten Zieles ermöglicht.

Trennen Sie die Argumente von der Person, die sie vorträgt

Die Grundposition „Ich bin o.k. – du bist o.k." legt bereits nahe, die Personen und ihre Argumentationsposition voneinander zu trennen. Ein Grundphänomen jedes Disputes ist es, dass der Mensch mit dem verknüpft wird, was er sagt. Vertritt jemand in einer Konfliktsituation eine gegensätzliche Position, erscheint uns gleichermaßen die Person wie ihre Position konfrontierend. Da liegt es nahe, den Konfliktpartner für uneinsichtig, halsstarrig oder sogar verbohrt zu halten, wenn die Einsicht in die eigenen Argumente nicht unmittelbar erfolgt. Diese Haltung ist denkbar ungünstig, denn sie verhindert eine Problemlösung. Besser ist es hingegen, strikt zwischen der inhaltlichen Position und der persönlichen Beziehung zu unterscheiden. Die „Ich bin o.k. – du bist o.k."-Haltung legt dagegen Folgendes nahe:

Ich bemühe mich, den anderen als Menschen zu akzeptieren, ihn wertzuschätzen und auf ihn zuzugehen, unabhängig davon, welche inhaltliche Position er vertritt. Wenn das gelingt, dann legt man den Grundstein zu einer Diskussion, die hart in der Sache sein darf, aber das gegenseitige Verhältnis zum anderen nicht in Frage stellt.

Erkunden Sie das Terrain!

In die konkrete Verhandlungsphase – das Austarieren der Positionen und Meinungen – wagt sich ein Verhandlungsprofi erst, wenn er in etwa abschätzen kann, wie die Positionen der einzelnen Verhandlungsteilnehmer verortet sind. Professionelles Verhandeln bedeutet also:

- die eigene Position nicht sofort vollständig offenzulegen,
- alle verfügbaren Quellen zu nutzen, um die Verhandlungspositionen der übrigen Teilnehmer abschätzen zu können,
- erst die Positionen der Verhandlungspartner anzuhören, bevor Sie Ihre eigene Position preisgeben, und
- von einer vagen zu einer mehr konkreten Position zu wechseln, statt sofort eindeutig und detailliert zu werden.

Der dritte Punkt wird zwangsläufig nicht funktionieren, wenn zwei Profis aufeinandertreffen, die beide diese Regel beherzigen. Entweder wendet man sie „scheibchenweise" an, oder – beim kompletten „Patt" – man legt die Karten auf den Tisch.

Bedenken Sie langfristige Folgen!

Eine Konfliktlösung sollte immer daraufhin bedacht werden, dass es ein Vorher und ein Nachher gibt. Die historische Komponente spielt eine erhebliche Rolle, weil man sich im Team schon vorher begegnet ist und auch in Zukunft wieder gegenübersitzen wird. Selten werden Sie mit einem Konfliktpartner zum ersten Mal zu tun haben. Die Erfahrungen, die Sie mit ihm gesammelt haben, beeinflussen also Ihre aktuelle Reaktion auf ihn. Genauso geht es Ihrem Gegenüber.

> Ein Verhandlungsprofi wird sich deshalb weniger an kurzfristigen Verhandlungserfolgen orientieren, sondern vielmehr an der dauerhaften Zusammenarbeit.

Ein kurzfristiger Kompromiss oder ein kalkulierter Nachteil kann sich mittel- und langfristig als Vorteil erweisen.

Bereiten Sie sich auf Fragen und Gegenargumente vor!

Es ist naiv, vielleicht sogar töricht, ein wichtiges Konfliktgespräch zu führen, ohne sich Gedanken darüber gemacht zu haben, was die beteiligten Konfliktparteien für

- Argumente,
- Positionen,
- Motive/Interessen,
- Fragen

in die Gespräche einbringen werden. Auch wenn es kaum möglich sein wird, alle Unwägbarkeiten und Entwicklungen vorherzusehen:

> Es wird Ihnen eine größere Sicherheit und eine gelassenere Verhandlungsführung ermöglichen, wenn Sie sich argumentativ auf Gegenmeinungen und Gegenargumente vorbereiten.

Gehen Sie mit gutem Beispiel voran!
Leben Sie das Verhalten vor, das Sie sich von Ihren Konfliktpartnern wünschen. Zeigen Sie sich kompromissbreit und kooperativ und weisen Sie die Konfliktpartner in der Diskussion auch gegebenenfalls gezielt darauf hin, wo Sie teamorientiert denken, entgegenkommend gehandelt haben, wo Sie Zugeständnisse gemacht haben, damit es auch anerkannt wird.

Suchen Sie nach gemeinsamen Kriterien zur Bewertung!
Diskussionen verlaufen sich in der Regel, sobald um gut oder schlecht, richtig oder falsch gerungen wird. Dies sind Bewertungen, die in höchstem Maße subjektiver Einschätzung unterliegen. Was der eine für richtig hält, ist dem anderen das Falscheste der Welt.

Das Problem wird aber merkbar kleiner, wenn man, statt sich über solche Werturteile zu streiten, erst einmal aushandelt und festlegt, welche gemeinsamen Kriterien angelegt werden können, um im zu besprechenden Fall Bewertungen in die eine oder andere Richtung vornehmen zu können.

> Sind erst einmal gemeinsame Kriterien entstanden, lässt sich eine Diskussion fruchtbarer führen, weil ein gemeinsam getragener Beurteilungsmaßstab zugrunde liegt.

Finden Sie gemeinsame Interessen!
Gespräche verlaufen erfahrungsgemäß auch dann relativ unproduktiv, wenn unklar ist, welches die Interessen des Konfliktpartners sind. Wenn die Interessen des anderen stark von den eigenen abweichen, was bei Konflikten die Regel ist, dann kann es kaum zu einer Lösung kommen.

> Aus diesem Grund geht einer inhaltlichen Diskussion idealerweise eine Suchphase voran, in der man exploriert, wo gemeinsame Interessen liegen.

Sind die gemeinsamen Interessen geklärt, dann besteht zumindest darüber schon ein Konsens. Und man kann sich dann darauf konzentrieren, den gemeinsamen Weg zu suchen.

Vergrößern Sie die Zahl der verhandelbaren Alternativen!
Ein taktisch geschickter Unterhändler wird stets dafür sorgen, dass die Zahl der zu verhandelnden Unterpunkte groß genug ist, um eine breite Verhandlungsbasis zu schaffen. Auch in Konflikten gilt, dass es Vorteile bietet, der Entwicklung einer breiten Basis von Lösungsalternativen viel Zeit zu widmen.

> Gehen Sie so vor, dass es leichter möglich wird, Lösungen zu entwickeln, bei denen jede Partei Gewinne in einzelnen Punkten erzielen kann.

Hartnäckigkeit in einzelnen Punkten kann so besser ausgeglichen werden. Wenn das Konfliktthema aber per se eingegrenzt ist, sollte man versuchen, dieses in unterschiedlich zu besprechende Unterpunkte aufzuspalten, um die erwähnten Vorteile zu nutzen.

Bringen Sie Ihre Argumente nach und nach vor
Es zeigt sich in Diskussionen immer wieder, dass es ungünstig ist, alle Argumente und Themen auf einmal auf den Tisch zu bringen. Man zündet zu viele Argumente in einem Feuerwerk und die Wirkung verraucht rasch.

Bewahren Sie also Geduld. Spielen Sie mit dem Faktor Zeit. Widerstehen Sie der Versuchung, alle Argumente und Themen mit einem Mal einzubringen.

Bewahren Sie sich außerdem die stärksten Argumente für den passenden Moment auf – und der ist selten zu Beginn eines Gesprächs.

Setzen Sie sich realistische Ziele!
Auch ein erfahrener Konfliktlöser wird anerkennen, dass nicht jeder beliebige Streit allein durch Verhandlungsgeschick lösbar ist. Die persönliche Zielsetzung muss möglicherweise im Verlauf eines Konfliktgesprächs revidiert werden. Manchmal stellt sich heraus, dass ein vorab als optimal angestrebtes Verhandlungsziel nach Beurteilung der Lage nicht realistisch ist.

In einem solchen Fall zeigt sich Professionalität darin, zu erkennen, was unter Berücksichtigung der jeweils aktuellen Bedingungen noch machbar und optimal ist.

Deshalb erweist es sich als hilfreich, vorab eigene Ziele abzustufen, um reagieren zu können, wenn es erforderlich ist:
- optimales Verhandlungsergebnis,
- akzeptables Verhandlungsergebnis oder
- minimales Verhandlungsergebnis.

Je bewusster Ihnen ist, was für Sie in jede der drei Kategorien einzuordnen ist, desto genauer können Sie im Verlauf des Gesprächs innerlich oder offen Zwischenbilanz ziehen, ob Sie sich noch im „grünen Bereich“ befinden. Dennoch soll noch einmal davor gewarnt werden, Ziele vorschnell aufzugeben, bevor alternative Strategien erprobt wurden.

Stichwortverzeichnis